全国交通土建高职高专规划教材

Gonglu Gongdi Shiyanshi Jianshe Yu Guanli

公路工地试验室建设与管理

金　桃　主编
何玉珊［交通部公路工程检测中心］　主审

人民交通出版社

内 容 提 要

本书为全国交通土建高职高专规划教材之一,全书共六章,主要介绍试验室的组织机构、试验室设置、工地试验室建设、仪器设备的购置及合理布置、试验室管理制度的拟定、试验仪器设备管理、试验室档案资料管理及试验室管理者应具备的主要素质及领导艺术。书中每章前附有学习要求,每章后面附有复习思考题。书末附有教学大纲,可供任课教师参考。

本书既可作为路桥专业、监理专业、检测专业教材,也可作为交通土建类相关专业及有关路桥工程技术人员学习参考用书。

图书在版编目(CIP)数据

公路工地试验室建设与管理/金桃主编. —北京:人民交通出版社,2006.8

全国交通土建高职高专规划教材

ISBN 978-7-114-06149-3

Ⅰ. 公… Ⅱ. 金… Ⅲ. ①道路工程-实验室-建设-高等学校:技术学校-教材②道路工程-实验室-管理-高等学校:技术学校-教材 Ⅳ. U41-33

中国版本图书馆 CIP 数据核字(2006)第 105860 号

书　　名:全国交通土建高职高专规划教材
公路工地试验室建设与管理
著 作 者:金　桃
责任编辑:刘永超　郑蕉林
出版发行:人民交通出版社股份有限公司
地　　址:(100011) 北京市朝阳区安定门外外馆斜街 3 号
网　　址:http://www.ccpress.com.cn
销售电话:(010) 59757973
总 经 销:人民交通出版社股份有限公司发行部
经　　销:各地新华书店
印　　刷:北京市密东印刷有限公司
开　　本:787×1092　1/16
印　　张:8.75
字　　数:208 千
版　　次:2006 年 9 月　第 1 版
印　　次:2020 年 11 月　第 8 次印刷
书　　号:ISBN 978-7-114-06149-3
定　　价:25.00 元

全国交通土建高职高专规划教材编审委员会

总 序

针对高职高专教材建设与发展问题，教育部在《关于加强高职高专教材建设的若干意见》中明确指出：先用2至3年时间，解决好高职高专教材的有无问题。再用2至3年时间，推出一批特色鲜明的高质量的高职高专教育教材，形成**一纲多本、优化配套**的高职高专教育教材体系。

2001年7月，由人民交通出版社发起组织，15所交通高职院校的路桥系主任和骨干教师相聚昆明，研讨交通土建高职高专教材的建设规划，提出了28种高职高专教材的编写与出版计划。后在交通部科教司路桥工程学科委员会的具体指导下，在人民交通出版社精心安排、精心组织下，于2002年7月前完成了28种路桥专业高职高专教材出版工作。

这套教材的出版发行首先解决了交通高职教育教材的有无问题，有力支持了路桥专业高职教育的顺利发展，也受到了全国各高职院校的普遍欢迎。

随着高职教育教学改革的深入发展、高职教学经验的丰富与积累，以及本行业有关技术标准规范的更新，本套教材在使用了2至3轮的基础上，对教材适时进行修订是十分必要的，时机也是成熟的。

2004年8月，人民交通出版社在新疆乌鲁木齐召开了有19所交通高职院校领导、系主任、骨干教师共41人参加的教材修订研讨会。会议商定了本套教材修订的基本原则、方法和具体要求。会议决定本套教材更名为“交通土建高职高专统编教材”，并成立了以吉林交通职业技术学院张洪滨为主任委员的“交通土建高职高专统编教材编审委员会”，全面负责本套教材的修订与后续补充教材的建设工作。

2005年6月，编委会在长春召开了同属交通土建大类、与路桥专业链接紧密的“工程监理专业、工程造价专业、高等级公路维护与管理专业”主干课程教材研讨会，正式规划和启动了这三个专业教材的编写出版工作。

2005年12月，教育部高等教育司发布了“关于申报普通高等教育‘十一五’国家级规划教材”选题的通知（教高司函[2005]195号），人民交通出版社积极推荐本套教材参加了“十一五”国家级规划教材选题的评选。

2006年6月，经教育部组织专家评选、网上公示，本套教材中有十五种入选为“十一五”国家级规划教材，标志着广大参与本套教材编写的教师的辛勤劳动得到了社会的认可、本套教材的编写质量得到了社会的认同。

在本套教材多数入选“十一五”国家级规划教材的结果的鼓舞和推动下，2006年7月，交通土建高职高专统编教材编审委员会及时在银川召开会议，有24所各省区交通高职院校或开办有交通土建类专业的高等学校系部主任、专业带头人、骨干教师以及人民交通出版社领导共39位代表出席了本次会议。会议就全面落实教育部“十一五”国家级规划教材的编写工作进行了研讨。与会代表一致认为必须以入选的十五种国家级规划教材为基本标准，进一步全面提升本套教材的编写质量，编审委员会将严格按照国家级规划教材的要求审稿把关，并决定本套教材更名为**“全国交通土建高职高专规划教材”**，原编委会相应更名为**“全国交通土建高职高专规划教材编审委员会”**。以期在全国绝大多数交通高职院校和开办有交通土建类专业的高等院校的参与、统筹、规划下，本套教材中有更多的进入“十一五”国家级规划教材行列。

本套高职高专规划教材具有以下特色：

——顺应交通高职院校人才培养模式和教学内容体系改革的要求，按照专业培养目标，进一步加强教材内容的针对性和实用性，适应学制转变，合理精简和完善内容，调整教材体系，贴近模块式教学的要求；

——实施开放式的教材编审模式，聘请高等院校知名教授和生产一线专家直接介入教材的编审工作，更加有利于对教材基本理论的严格把关，有利于反映科研生产一线的最新技术，也使得技能培训与实际密切结合；

——全面反映2003年以来的公路工程行业已颁布实施的新标准规范；

——服务于师生、服务于教学，重点突出，逐章均配有思考题或习题，并给出本教材的参考教学大纲；

——注重学生基本素质、基本能力的培养，教材从内容上、形式上力求更加贴近实际；

——为加强学生的实际动手能力，针对《工程测量》、《道路建筑材料》等课程，本套教材特别配套有实训类辅导教材。

本套教材的出版与修订再版始终得到了交通部科教司路桥工程学科委员会和全国交通职教路桥专业委员会的指导与支持，凝聚了交通行业专家、教师群体的智慧和辛勤劳动。愿我们共同向精品教材的目标持续努力。

向所有关心、支持本套教材编写出版的各级领导、专家、教师、同学和朋友们致以敬意和谢意。

全国交通土建高职高专规划教材编审委员会
人民交通出版社
2006 年 8 月

前言

QIANYAN

质量是工程的生命,试验是工程质量控制和管理的重要手段。客观、准确、及时的试验数据,是工程实践的真实记录,是指导、控制和评定工程质量的科学依据。加强公路工程试验,充分发挥其在质量控制、评定中的重要作用,已成为公路工程质量控制和管理的重要手段。交通部历来对工程试验工作十分重视,随着我国公路基础设施建设投资规模的加大,公路工程试验工作将更趋繁重,我们要努力开拓,使公路工程试验工作走上规范、健康的发展道路。广大公路工作者特别是从事公路工程试验检测工作的同志,要不断加强业务学习,努力提高自身素质,进一步增强责任感,切实提高试验工作质量和水平,提供真实可靠的试验数据,为正确指导、准确控制和客观评定公路工程质量提供科学的依据和手段,促进公路工程质量提高到新的水平。

实践证明,工地试验室是高速公路施工阶段质量保证体系中最基础、最关键的环节,是确保工程质量的主要手段,是对工程质量检测及控制的主要部门,担负着保障工程建设质量的重大职责。因此,交通职业技术学院必须培养出大量的试验室建设与管理人才,以适应施工企业市场的需要。

为了适应高等职业教育发展的需要,根据交通土建高职高专统编教材编审委员会 2003 年 7 月新疆会议决议,由金桃(贵州交通职业技术学院)编写《公路试验室建设与管理》编写大纲及初稿,由贵州交通职业技术学院作为试点,纳入公路监理与工程质量检测专业的教学计划中,通过 12 个班的教学经验总结,同时征求了工程单位有关专家的反馈意见后,经过两年多的试用和反复修改形成了本书的修改稿。本书注意到职业教育的特点,内容以实用、实际、实效为原则,结构合理,同时充分考虑到教学规律,渗透职业道德和职业意识教育,体现就业向导,有助于学生树立正确的择业观。在编写中注重培养学生爱岗敬业、团队精神和创业精神,树立安全意识和环保意识。书中所选编的习题、例题均来自工程实际,不仅代表性强,而且对解决实际问题具有较强的针对性。

在修改稿完成后,根据交通土建高职高专统编教材编审委员会的安排,2006 年 4 月在贵阳市召开了《公路工地试验室建设与管理》、《公路小桥涵勘测与示例》、《公路工程合同管理》、《公路施工监理》、《特殊地区公路》5 门教材的审稿会,参加会议人员有贵州省交通厅机关党委书记陈圣堂、贵州交通职业技术学院党委书记李皖、贵州省交通科研所所长(高级工程师)胡绍刚、贵州省桥梁工程总公司总工程师(高级工程师)刘经建、贵州陆通监理公司总工程师(高级工程师)古红兵、贵州省交通质量监督站高级工程师石大为、贵州高速公路发展公司总工程师(高级工程师)马珍、北京华路捷监理公司贵阳分公司总经理付啸等管理和生产一线的领导、专家;出席本次会议的代表有四川交通职业技术学院黄万才、曹雪梅,新疆交通职业技术学院李轮、陈秋玲、林文英,湖南交通职业技术学院唐杰军、何湘宁,青海交通职业技术学院王海春,宁夏交通学校贺学清,南京交通职业技术学院蒋玲、沈秋雁,浙江交通职业技术学院郭发忠,陕西交通职业技术学院程兴新、薛安顺，湖北交通职业技术学院何少平，贵州交通职业技术学院张润虎、金桃、罗筠，交通土建高职高专统编教材编审委员会副主任张润虎、程兴新、郭发忠，人民交通出版社编审卢仲贤、编辑刘永超与主编们共同主持了会议。

本书共分六章，内容包括试验室建设的基本理论知识，试验室管理等内容。由金桃（贵州交通职业技术学院）担任主编，确定全书的修改框架和内容；由交通部公路工程检测中心常务副主任何玉珊（教授级高工）担任主审。全稿初稿、教学大纲及第五章由金桃（高级工程师）执笔修改编写；第一章、第三章由贺学清（宁夏交通学校）修改编写；第二章、第四章由林文英（新疆交通职业技术学院）修改编写；第六章由陈康跃（贵州交通职业技术学院）修改编写。

本书的修改编写和出版过程中，得到贵州省交通质量监督站高级工程师石大为、贵州陆通监理公司总工程师（高级工程师）古红兵等兄弟单位领导、专家和学者的支持，并提出了许多精辟的意见和建议。书中参考了许多专家、学者的论著，在此向支持、关心、帮助本书编写的有关领导和专家致以诚挚的谢意。

本书主要供公路监理与工程质量检测专业高职教学使用，在对其内容适当简化后可作中职教材，同时也可供公路工程技术人员参考。

由于编者水平有限，书中难免有缺点、疏漏失误之处，敬请读者批评指正，以期进一步完善。

编　者

2006 年 4 月 28 日

目录

MULU

第一章

试验室的组织机构

［学习要求］

通过对本章的学习，在组建试验检测机构的过程中，能合理配置人员，并有申报试验室资质的能力。

公路工程试验检测机构的职能是对公路工程项目进行检测，根据检测的结果判断工程质量的状态。因此，完善试验检测机构的管理体制和组建试验室组织机构、配置合理的试验检测人员具有重要的现实意义。

试验室主管部门应加强对试验室建设及运行期间的管理和政策性指导，承建单位要对试验室实行直接管理；成立以有关职能处主要负责人为成员，公司经理为组长，副经理为副组长的管理机构，负责协调试验室建设和管理的有关事项和解决重大问题。

第一节　管理体制

一、运行机制

试验室实行开放、流动、联合的运行管理机制，建成验收后具备公路工程试验检测机构资质等级，且具有法人资格并通过计量认证的试验室可对外承接公路工程试验检测任务。

二、试验室主任聘任制

试验室建成后，根据试验室的工作需要和规模，由主管部门聘主任一人，实行试验室主任负责制，全面组织、领导试验室的试验检测、财务开支、人员和行政管理工作，任期由主管部门决定，主管部门应对在任职期间需外出超过半年以上的试验室主任，及时进行调整。

三、管理办公室

设立试验室建设与管理办公室，负责试验室的日常事务、监督、检查管理工作。

四、专　家　组

大型中心试验室必须设独立的专家组，它是试验室的技术权威领导机构，其主要职能是审定与监督技术、质量管理文件的编制和实施，仪器设备的经费使用，协调开放事宜，组织成果评价。专家组成员应尽可能的吸收外部门和相关学科的具有高级职称以上的技术人员参加。

五、工地试验室

为保证公路工程试验检测工作的质量，促进公路工程整体质量水平的提高，我国各地都加强了为公路工程施工需要而建立的工地试验室建设，其中包括标段试验室、中心拌和站试验站、工点试验点。

1.标段试验室

按工程招标划分的标段设置的试验室，由于其流动性较强，其规模决定于工程规模的大小及所承担的具体工程任务，人员和设备多是由施工企业总部或分部临时调配，资质也多利用总部或分部的资质，一般只具有常规施工试验检测的能力。需经相应交通质检部门临时资质认证后才能进行检测工作。

2.中心拌和站(或厂)试验站

为方便工作，在中心拌和站或拌和厂设立的试验室，多由标段试验室派出，工作单一，任务明确，主要任务是负责检测混合材料配合比例和拌和质量。

3.工点试验点

当标段里程较长，交通不便时，为方便工作，在工程队或工程量较集中的地方由标段试验室派出的驻工点试验点，主要负责某一项或几项施工自检试验工作。

第二节　试验室人员组成

试验室在核定的编制内，应配备一支年龄和知识结构合理、能与试验室任务相适应的人员梯队，以保证试验室正常运行。

一、人 员 组 成

(一)对技术人员数量的要求

试验室中有技术职称的人员的数量要求，应根据试验室性质、按试验室所进行的业务范围及企业等级来进行配置。对于高等级公路，应有初级职称以上、3 年以上试验检测工作经验的各项专业技术人员 5 人以上，并同时满足高速公路 1 人/km、一级公路 0.8 人/km，特大桥 4 ~ 5 人、大桥 3 ~ 4 人，特长隧道 4 ~ 6 人、长隧道 2 ~ 4 人、中短隧道 2 ~ 3 人的要求。对于一般公路，应有初级职称以上、3 年以上试验检测工作经验的各项专业技术人员 2 人以上，并同时满足二级公路 0.6 人/km、三级公路 0.5 人/km，四级以下公路 0.4 人/km，特大桥 4 ~ 5 人、大桥 3 ~ 4 人，特长隧道 4 ~ 6 人、长隧道 2 ~ 4 人、中短隧道 2 ~ 3 人的要求。

(二)对试验员数量的要求

试验员人数，应根据试验性质、内容及复杂程度而定，但每次试验至少应由两名试验员进行，以确保试验精度，并能正确地反映材料或工程的实际性质。

二、对试验室的工作人员的要求

试验室的工作人员，应具有胜任本职岗位工作的业务能力。从事试验室工作的操作人员，必须经技术考核合格，方能独立工作。试验室人员配置应合理，主要包括：行政管理人员、试验室专职技术人员、试验室专职研究人员、客座研究人员和其他工作人员。其中试验室专职技术人员应由不同学科和不同职称的技术人员组成。

(一)技术负责人

试验室的技术负责人要对整个试验室的工作全面负责，业务上应有较高的水平。由于技术负责人在一定程度上决定了检测工作的质量，因此，当技术负责人变动时，应检查技术负责人变动后该机构的工作水平。技术负责人应有工程师以上职称，精通所管辖的业务，具有10年以上专业工作经验。

(二)质量负责人

质量负责人协助技术负责人对整个试验室的全部试验工作的质量负责，当技术负责人不在时代行其职权。在小型试验室，质检负责人可由技术负责人兼任。

质量负责人不一定要求精通所管辖的每一项具体工作，但必须熟悉本单位的管理体系和主要业务，并且有一定的质量管理方面的知识。

质量负责人必须是该机构的主要负责人之一，这有助于质量工作中的有关决定能得到贯彻执行。

技术负责人、质量负责人及试验室管理人员，应熟悉国家、部门、地方关于产品质量试验方面的政策、法令、法规和有关规定；应熟悉工程技术标准、抽样理论，能熟练地应用各类抽样标准，确定其样本大小；具备编制审定检测实施细则、审查试验报告的能力；熟悉掌握检测质量控制理论，具有对试验检测工作进行质量诊断的能力；熟悉国内外工程质量的试验方法、检测技术的现状及发展趋势；掌握国内外试验仪器设备的信息；不断学习新知识，不断进行更新。

(三)专职技术人员

试验室专职技术人员应熟练掌握业务范围内的公路工程试验检测的标准、规范、规程及所用仪器设备的原理、性能和操作，具有法定计量单位的基本知识和出示准确试验报告的能力。在项目批准后应尽早调配试验室专职技术人员，并逐步充实，以利于试验室筹建过程中的有关试验室建设、人员培训和设备调试、购置、仪器设备的管理、操作和维修工作。专职技术人员应参加部分研究工作，保证试验室建设及日常试验工作高质量地完成。

国家省级检测中心及一、二级企业中的试验操作人员必须具有高职毕业文化程度或具有同等学历，二级以下企业试验室操作人员必须具有中专以上文化程度。

试验操作人员应熟悉试验检测任务，了解被检测对象和所用检测仪器设备的性能。试验操作人员都必须经考核合格，取得上岗操作证后，才能独立上岗操作。凡使用精密、贵重、大型检测仪器设备者，必须熟悉检测仪器的性能，具备使用该仪器的知识，经过考核合格，取得操作证书方能操作。

试验室专职技术人员应掌握所从事检测项目的有关技术标准，了解本领域国内外测试技术、检测仪器的现状及发展方向，具备制订检测大纲，采用国内外最新技术进行检测工作的能力。

试验操作人员应按各自的岗位分工,认真履行岗位职责,做好本职工作,确保检测工作质量。

各业务岗位人员的配置,应与所从事的检测项目相匹配,重要的检测项目应有两人或两人以上,每人可兼做几个项目。

(四)专职研究人员

试验室专职研究人员主要以保证试验室研究方向和目标的不断实现,并与客座研究人员合作研究。

(五)客座研究人员

客座研究人员是试验室的重要研究力量,由本单位研究人员和外单位研究人员两部分组成;试验室应根据研究课题,加强与客座研究人员的联系,并解决好他们来试验室工作的具体问题,为客座研究人员提供良好的研究场所和周到的服务。

三、对试验室专职技术人员考核的主要内容

试验室专职技术人员的考核分理论考核和实际操作考核两部分进行。考核的成绩应记入试验操作人员考核档案,作为今后考级、升级时参考或依据。

(一)对试验操作人员考核的主要内容

1.工程质量检测专业知识

了解所用仪器设备的结构原理、性能及正确使用维护等知识;掌握所检测工程项目的质量标准和有关技术指标的程度;实际操作和数据处理的能力。

2.计量基础知识

计量法常识;国际单位制基本内容;误差理论基本知识。

(三)对计量检定员考核的主要内容

1.对计量检定员的要求

凡从事计量检定工作的人员,必须具备从事计量检定工作所必备的知识和技能,且经上级计量行政部门考核合格并取得“检定员证”,才能从事所考核合格项目的计量检定工作。见习人员或学徒工,代培人员,不得独立从事检定工作,不得在检定证书上签字。

计量检定复核人员,应真正起到复核的作用,复核人员必须是从事该项目两年以上且具有工程师职称的人员或从事该项目五年以上的助理工程师。

计量检定人员,必须具备中专以上文化程度,不断学习新知识,随时了解国内外本领域计量技术的现状及检测仪器设备的信息。

2.对计量检定人员考核的主要内容

(1)计量基础知识

计量基础知识的内容包括:计量法常识、国际单位制基本内容、误差理论基本知识。

(2)计量专业知识

了解本专业所用标准器具的结构原理和正确使用维护等知识;对本专业的检定系统和检定规程的了解和掌握的熟练程度;实际操作和数据处理能力。

第三节　试验室组织机构

一、组织机构

试验室的组织机构见图 1-1，图 1-2 为某省试验室管理组织机构示意图。

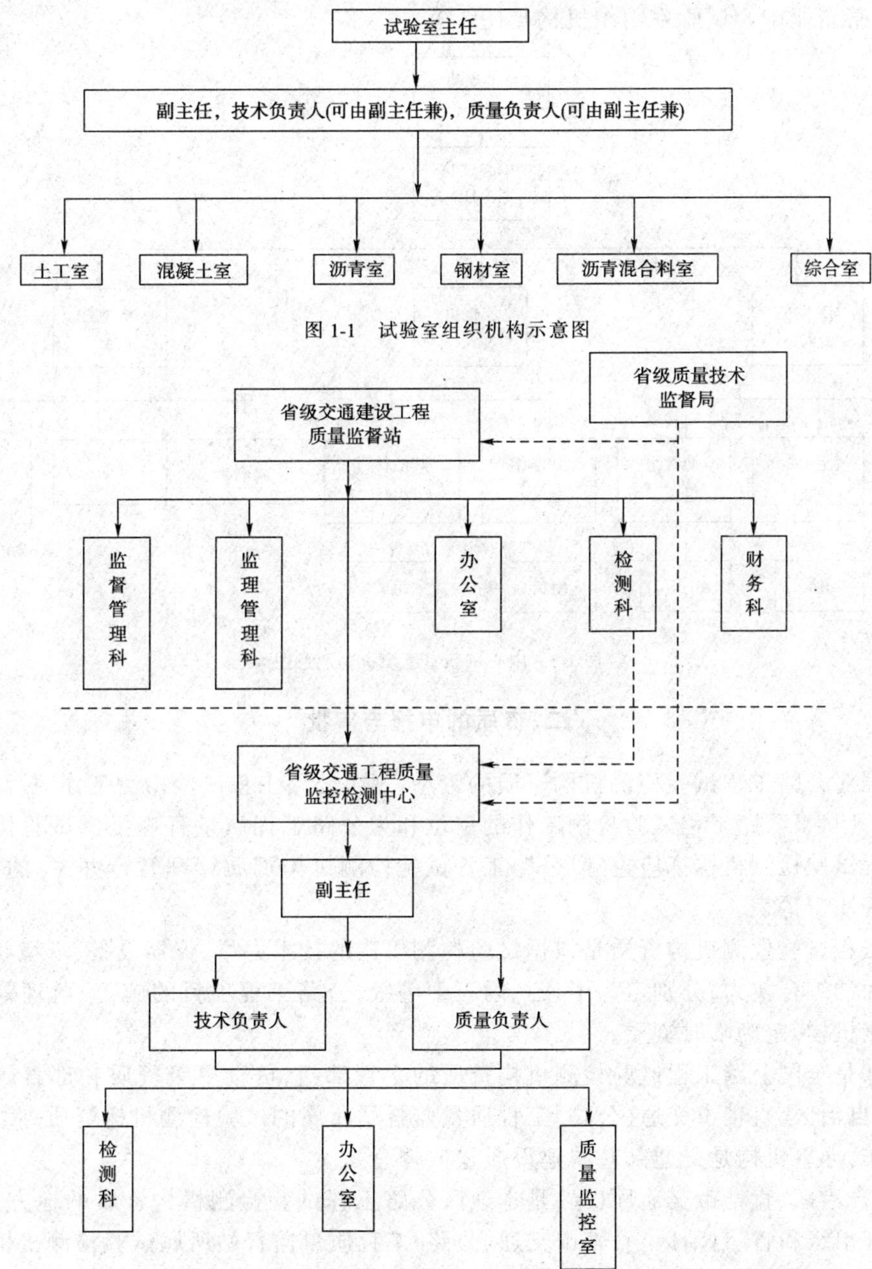

图 1-1　试验室组织机构示意图

图 1-2　某省试验室管理组织机构示意图

试验室主任负责全室的行政与技术工作,副主任协助主任做好试验室工作。试验室应设试验办公室或技术室(根据试验室的性质与任务也可不设),并设负责人和技术总负责人各一名,主要负责日常业务管理工作及技术管理工作。试验工作按试验性质与类别分若干试验组。每个试验组可设负责人1~2名。试验组又可分为若干个项目组,每个项目应设项目技术负责人一名,并配置适当的试验操作人员。在试验操作人员(试验员)中选出设备保管员一名,负责设备的保管和保养工作。

例如:某企业中心试验室组织机构见图1-3:

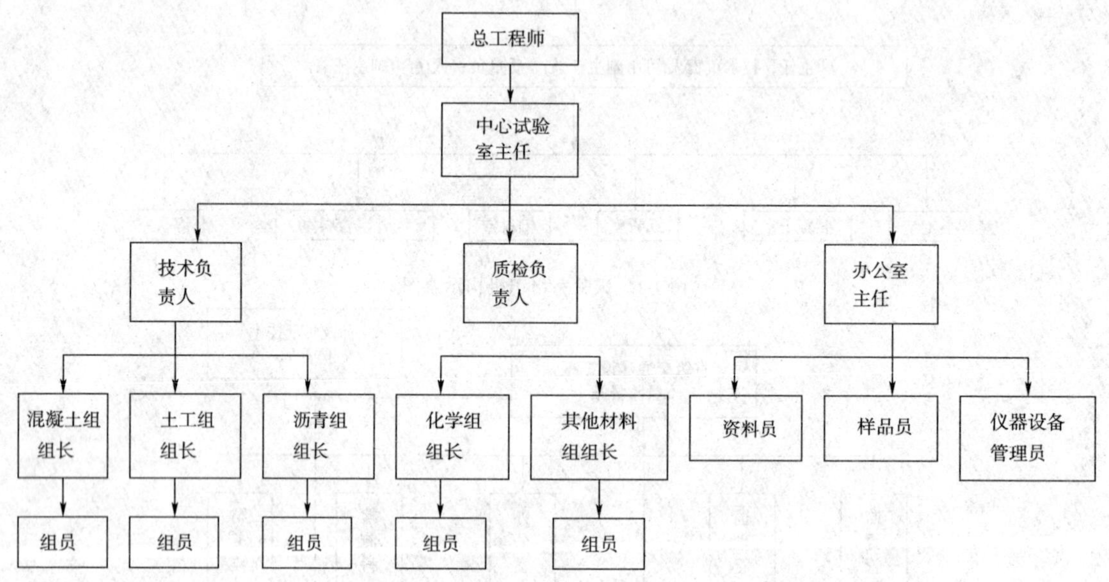

图1-3　中心试验室组织机构示意图

二、资质的申报与审批

为加强对公路工程试验检测机构资质的管理,规范公路工程试验检测工作,提高试验检测工作质量,凡从事公路工程试验检测工作的单位和为公路工程质量管理提供试验检测数据或报告的工程试验检测机构都应遵守《公路工程试验检测机构资质管理暂行办法》的有关规定,认真填写资质申请表。

公路工程试验检测机构资质是根据试验检测机构的技术力量、仪器设备、环境状况和管理水平等方面的综合实力,分别定为甲、乙、丙三个等级;公路工程项目的施工、监理等单位的工地试验检测机构,定为临时资质。

交通部是全国公路工程试验检测机构资质的主管部门,负责甲级资质和部直属企事业单位及各省、自治区、直辖市交通(公路)工程质量监督站所属的试验检测机构资质等级的审批和管理等工作,办事机构是交通部基本建设质量监督总站。

各省、自治区、直辖市交通厅(局)是本地区公路工程试验检测机构资质的地方主管部门,负责本地区甲级和省、自治区、直辖市交通(公路)工程质量监督站所属试验检测机构资质等级的初审和上报,负责本地区乙、丙级和工地试验检测机构临时资质的审批和管理等工作,办事机构为本省、自治区直辖市交通(公路)工程质量监督站。

申请公路工程试验检测机构资质等级的单位,应提交下列材料:

(1)公路工程试验检测机构资质申请报告;

(2)公路工程试验检测机构资质等级申请表;

(3)成立试验检测机构的批准文件;

(4)行政、技术和质量负责人的有关证明材料;

(5)工作制度和管理制度;

(6)试验检测人员职称或相应的资格证书及其被聘用的证明材料;

(7)组织机构框图;

(8)试验检测机构工作业绩;

(9)其他有关证明材料。

对各级试验检测机构的评审主要包括以下几个方面:

(1)从事试验检测工作人员状况;

(2)仪器设备的配备与管理;

(3)工作制度和管理制度;

(4)试验室环境条件;

(5)试验检测工作业绩;

(6)管理水平。

审批部门对符合资质等级条件的试验检测机构,核发交通部统一印制的《交通建设工程试验检测机构资质等级证书》(正本一份,副本一份),证书有效期三年。对批准资质等级的试验检测机构,实行资质动态管理。按原申报与审批程序每三年进行一次复查。

某企业中心试验室资质申请表格示例如下:

(一)封面式样

××省公路工程试验检测机构临时资格申报表

申请单位　××省监理总公司

工程项目　××高速公路

合 同 段　

合 同 号　

申请时间　××年××月××日

××省交通工程质量监督站××办公室制

（二）试验检测机构综合情况登记表

试验检测机构综合情况登记表

<table>
<tr><td colspan="2">机构名称</td><td colspan="4">××省××公司中心试验室</td></tr>
<tr><td colspan="2">主管部门</td><td colspan="4">××省××公司</td></tr>
<tr><td colspan="2">行政主管单位</td><td colspan="4">××省××局</td></tr>
<tr><td colspan="2">机构详细地址</td><td colspan="4"></td></tr>
<tr><td colspan="2">申请资格类别</td><td colspan="4">×级试验室</td></tr>
<tr><td rowspan="4">人员情况</td><td>总人数</td><td></td><td>技术人员数量</td><td></td><td>中级职称以上人数量</td></tr>
<tr><td colspan="5">行政、技术、质量负责人简要情况</td></tr>
<tr><td>姓名</td><td>年龄</td><td>职务、职称</td><td>所学专业</td><td>从事试验检测工作年限</td></tr>
<tr><td></td><td></td><td></td><td></td><td></td></tr>
<tr><td colspan="2">主要仪器设备</td><td>数量（台、件）</td><td></td><td>价值（万元）</td><td></td></tr>
<tr><td colspan="2">房屋面积（m^2）</td><td>试验室（m^2）</td><td></td><td>标养室（m^2）</td><td></td></tr>
<tr><td colspan="6">主要试验检测项目：</td></tr>
<tr><td colspan="6">1.土工试验（筛分、相对密度、密度、含水量、塑液限、击实、颗粒分析、三轴试验）；</td></tr>
<tr><td colspan="6">2.集料、石料（筛分、压碎值、磨耗 、石料硬度、加速磨光）；</td></tr>
<tr><td colspan="6">3.水泥软炼、石灰试验（有效钙镁含量）、粉煤灰试验；</td></tr>
<tr><td colspan="6">4.水泥混凝土（稠度、坍落度、抗压强度、抗折强度、劈裂试验、抗冻、抗渗）、砂浆强度试验、配合比设计；</td></tr>
<tr><td colspan="6">5.沥青指标试验（针入度、延度、软化点、脆点、闪点、燃点、粘附性、薄膜烘箱和老化试验）；</td></tr>
<tr><td colspan="6">6.沥青混合料试验（抽提试验、马歇尔试验、劈裂、抗压）、沥青混凝土配合比设计；</td></tr>
<tr><td colspan="6">7.路面基层材料试验（击实、无侧限抗压强度、灰剂量、配合比设计）；</td></tr>
<tr><td colspan="6">8.路基、路面、构造物几何尺寸；</td></tr>
<tr><td colspan="6">9.路基路面（压实度、厚度、平整度、弯沉、路面构造深度、摩擦系数、路基 CBR、回弹模量）；</td></tr>
<tr><td colspan="6">10.砌石工程常规试验检测；</td></tr>
<tr><td colspan="6">11.地基承载力；</td></tr>
<tr><td colspan="6">12.钢材物理性能、力学性能、焊接；</td></tr>
<tr><td colspan="6">13.桥梁构件强度、桩基完整性、桩基承载力；</td></tr>
<tr><td colspan="6">14.混凝土无破损检测；</td></tr>
<tr><td colspan="6">15.岩土工程（地基、基础）；</td></tr>
<tr><td colspan="6">16.桥梁荷载试验；</td></tr>
<tr><td colspan="6">17.外加剂；</td></tr>
<tr><td colspan="6">18.钢绞线、预应力锚具、橡胶支座；</td></tr>
</table>

注：主要试验仪器检测设备，指单价不少于 800 元的设备。

(三)试验业绩描述实例

试验室工作业绩:

我公司中心试验室自1980年成立以来,本着“精心设计、规范操作、数据可靠、频率满足”的宗旨,先后完成了省内外公路建设的试验检测工作。

在80年代末完成了我公司承建的××公路路基、路面及桥涵等构造物的试验工作。随着公路建设事业的飞速发展,在1990年至2001年的11年里,我公司中心试验室负责了××至××高等级公路、××市××公路、××至××公路、××至××高等级公路、正在建设的××高等级公路以及省外的××特大桥、××至××高等级公路等试验检测管理工作。

在上述已竣工的工程建设中,我公司中心试验室主要负责的试验项目有土工试验,集料、石料试验,水泥软炼试验,石灰试验,水泥混凝土及砂浆强度试验,配合比试验,沥青指标试验及沥青混合料试验,路面基层材料试验,路基、路面、构造物几何尺寸检测,路基路面弯沉、路面构造深度、摩擦系数、压实度、厚度、平整度、CBR值、回弹模量的检测,砌石工程常规试验与检测,钢材物理、力学性能及焊接试验,桥梁构造强度、桩基完整性、桩基础荷载力、混凝土无破损检测、桥梁荷载、钢绞线、预应力锚具、橡胶支座试验检测等。

近两年以来,在总公司领导的大力支持与重视下,中心试验室为了有力地控制好质量,购买了许多先进试验仪器设备,如美国生产的MC-3核子密度仪;先进的沥青试验设备,增添了美国产的混凝土钻芯取样机和试验应用软件等。同时,为了更好地满足施工现场混凝土构造物、原材料及混合料、半成品的强度等试验,在省内外的每一条公路都设立了工地试验室,定期组织对试验检测人员进行新标准、新规范的培训学习管理。

我公司中心试验室现有从事试验及试验管理工作的高级工程师4人、工程师15人、助理工程师9人、技术人员及试验操作工2人。在以往的工程建设试验工作中,从未发生过试验质量事故,得到业主、监理及社会各界的好评。

××省××公司

××年××月××日

三、试验检测工作程序

(一)试验检测工作程序及流程框图

明确试验程序是试验管理的关键。在管理者的头脑中,必须有清晰的试验程序,才能很快发现存在问题的环节,并寻找纠正的办法以改善环节运行,达到有效的管理。

试验室从试验(检测)任务的接受直至试验(检测)报告的发送,必须严格按照试验检测工作流程进行,一般程序如试验检测工作流程框图(图1-4)所示。

例如某监理单位试验室试验检测工作程序为:

(1)施工单位认真选择料场,对其产品进行取样检查,试验结果合格后上报驻地监理试验室,认可后方可进购。

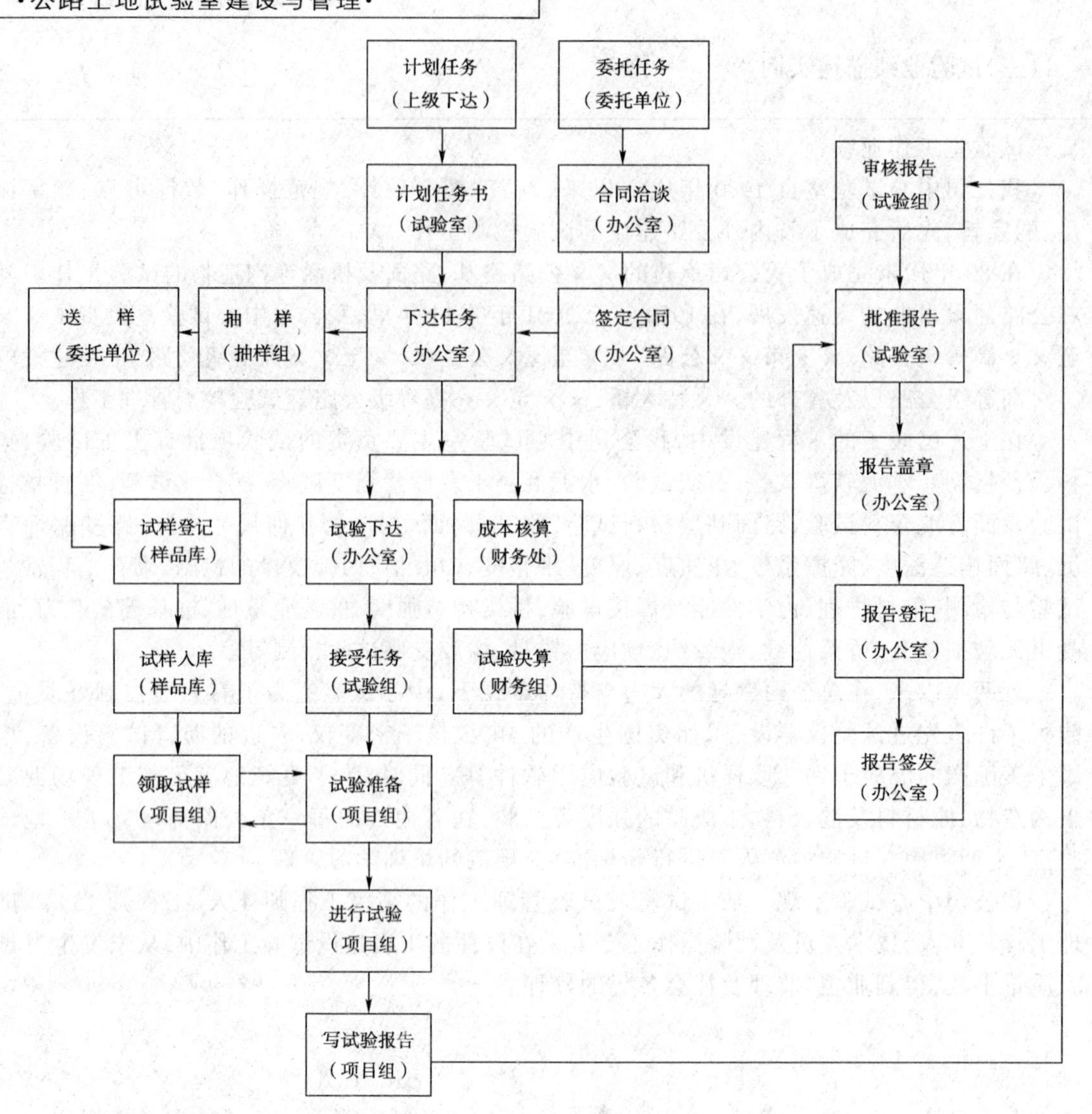

图 1-4　试验检测工作流程框图

(2)对于进场材料，施工单位应按原材料检验频率进行自检，自检合格后附自检报告上报驻地监理试验室抽检。

(3)驻地监理试验室应在施工单位进行标准试验的同时或以后，平行进行复核(对比)试验，以肯定、否定或调整施工单位标准试验的参数指标。

(4)经驻地监理试验室平行试验确定后上报监理部及总监办试验室进行审查批准。

(5)在动工之前对需要通过预先试验方能正式施工的分项工程进行工艺试验，由驻地监理试验室全过程旁站监理，负责审查批准。

(6)施工单位完成现场试验检测，经监理试验室按频率抽检，以鉴定承包人的抽样试验结果是否真实可靠。

(7)工程竣工后，由总监办试验室组织验收试验。

(二)试验任务分类

试验任务一般分上级下达的计划任务和委托任务两大类。计划任务由上级机关下达“计划任务书”;委托任务由委托单位与试验室签订合同或“委托书”。

(三)试验检测工作实施过程及质量保证

试验办公室根据计划任务书与委托书中所规定的试验或检测项目安排抽样或送样工作。委托单位送来的试样,由样品库做好收样、检验样品与样品登记造册及试样编号、报告编号、出报告日期等工作。

试验组接到任务单后,分派给相应的项目组,由项目技术负责人具体实施试验任务。项目组应根据试验任务单的要求,先做好试验前的一切准备工作和凭任务单领取试样,然后严格按照有关规定进行试验,保质保量按时完成试验任务。

为保证试验数据的正确性,试验必须由两人以上共同进行,以便试验数据的校核,避免出现工作误差。

试验完成后,由项目技术负责人写出试验报告,经试验组初审后交试验室复审。复审后的试验报告由试验办公室登记,盖章后发出。

此外,应以试验组为单位,进行试验成本核算,其决算应由试验室主任审批。

例如某企业试验检测工作流程图见图1-5:

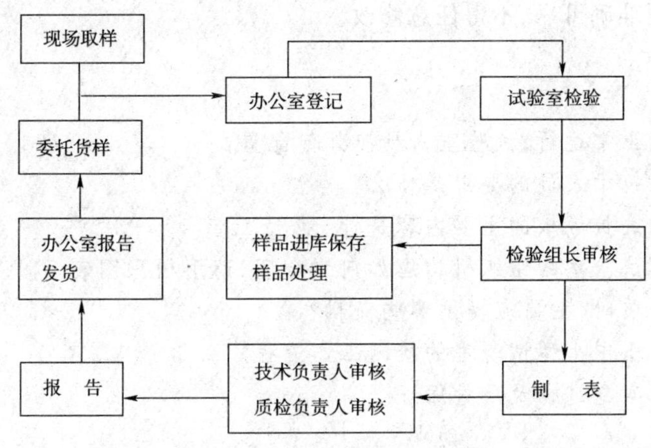

图1-5　某企业试验检测工作流程

为保证试验检测工作的顺利进行,确保试验检测结果的准确性与可靠性,试验室必须制定严格的质量保证制度。

1.试验室通过下述条件保证现场质量

(1)严格执行技术标准和仪器检测操作规程;

(2)制订切实可行的、符合现场环境条件的,并能确保检测质量的试验检测大纲;

(3)高水平的检测人员,精密的仪器、设备和数据采集处理系统;

(4)根据检测项目,认真做好各项室内外准备工作,并填写《现场检测项目所用仪器设备登记表》;

(5)严格的管理制度(包括签名负责制度)。

2.检验失误的防范及控制措施

(1)检验人员

①检验人员应达到质监站对检验人员提出的各项要求,在培训考试合格后,发给检验员证;

②检验人员凭检验员证,在指定的仪器设备上进行工作;

③检验人员要按标准、试验规程及试验大纲的有关规定进行检验,并对检验数据负责。

(2)检验仪器设备

①检验仪器设备按仪器设备的使用保管校准制度执行;

②仪器设备有故障或逾期未检定校正时,不得投入检验工作;

③对于重大改进后的设备,须经上级主管部门和计量部门的认定后,方可使用。

(3)检验工作

①现场检测前,应检查仪器设备的状态并核准;

②对检验所得的数据,检验人员应认真加以分析,确认无误后,方可认为检验工作已完成并离开现场,如发现数据有误,必须现场分析原因,必要时可进行复验。

(4)检验结果

①检验人员应将全部原始记录整理好,送交有关人员,进行检验报告编写;

②检验结果必须准确可靠,不得任意修改。

复习思考题

1.为保证试验室正常运行,试验室人员应如何配置?

2.对试验室专职技术人员的要求是什么?

3.对试验室操作人员考核的主要内容是什么?

4.你认为中小型试验室的组织机构应如何才合理,请用树形图表示。

5.申报试验室资质时,主要应提供哪些资料?

6.试用框图表示出中小型试验室的检测工作流程。

7.简述试验检测实施过程及质量保证。

第二章
试验室的建设

［学习要求］

通过对本章的学习，能具备根据拟购仪器设备合理布置试验室和进行工地试验室建设的能力。

当前建筑企业经济工作的中心问题是提高工程质量、降低造价、提高经济效益。围绕这个问题，每个建筑企业，都加强了对建筑工程及其构件的质量控制。努力逐步建立和完善与其相适应的试验室工作，其目的在于争取创造高质量、低消耗的全优工程。为促进建筑工程质量的进一步提高，国家建立了国家和地方各级建筑工程质量检测中心，其任务是负责对建筑工程质量的抽查、评优、认证、仲裁、分等、分级及生产许可证产品的抽检等工作。不管是检测中心或企业试验室，其试验方法是否符合国家标准，其试验数据是否可靠，直接影响建筑工程质量的控制和对其质量评价的准确性与可靠性。所以说，试验室的建设，从某种意义上来说是至关重要的。

第一节 试验室设置

试验室设置必须根据试验任务的实际需要，同时考虑本单位财力的现实情况。注意科学布局，注重规模效益，避免分散重复。

一、试验室的设置原则

试验室的设置应遵循以下原则：

(1)试验室的设置要从单位的实际出发，合理布局，统筹规划，注重效益；

(2)不重复设置试验内容相同的试验室；

(3)试验室的设置、调整、撤销与合并，必须经上级主管部门批准；

(4)科研试验室的设置要有一定的基础和发展前景，不具备设置条件的试验室应并入相关试验室；

(5)因情况发生变化导致试验室任务不饱满，或试验室失去存在的必要时，主管部门应组织论证并对其进行调整或撤销。

二、建立试验室的必要性

试验室的职能是对工程项目或产品进行检测,根据检测结果判断工程质量是否符合有关技术标准的规定。因此完善工程质量检测机构的工作制度,制订试验检测细则,配置合理的试验检测人员具有重要的现实意义。

(一)试验检测的目的和意义

公路是国民经济的重要命脉,公路运输具有一定的优越性和灵活性,是其他运输方式所不可替代的。在公路建设中,质量是工程建设的关键,任何一个环节,任何一个部位出现问题,都会给工程的整体质量带来严重后果,直接影响到公路的使用效益,甚至返工重建,造成巨大的经济损失。因此,工程试验检测机构必须对工程项目或产品进行检测,并判断工程质量或产品质量状态。

(二)建立试验检测机构的重要性

随着我国交通事业的发展,公路建设已进入以提高为主的新阶段,人们对其提出了更高的要求,因此,必须实行完善而严格的质量管理、保证和监督体系。因此,必须建立各级试验检测中心。

工程试验检测工作是道路和桥梁施工技术管理的一个重要组成部分,也是施工质量控制和竣工验收评定工作中不可缺少的一个主要环节。

通过试验检测能充分地利用当地原材料,迅速推广应用新材料、新技术和新工艺,用定量的方法科学的评定工程质量,加快工程进度,降低工程造价,推动道路和桥梁施工技术进步,同时也是工程设计参数确定、施工质量控制、施工验收评定、养护管理决策的主要依据。

三、建立试验室应具备的基本条件

正式建制的试验室应具备的基本条件为:

1.有明确的建设方向,能胜任承担的试验检测任务,有一定竞争能力;

2.有完善的试验室建设规划,主要包括指导思想、建设目标、试验任务、考核标准等内容;

3.具有完成任务相适应的仪器设备;

4.具有符合试验技术工作要求的试验用房及场地,总面积不少于 $100m^2$;

5.试验检测数据准确可靠;

6.符合行业、国家标准或相应国际标准的要求;

7.有相对稳定的专职试验工作人员,有管理能力强的领导班子以及结构比较合理的研究、技术队伍;

8.有科学的工作规范和完善的管理制度;

9.在环境条件与安全管理等方面均达到规定的要求。

四、试验室建设项目立项

为了加强设备经费的科学管理,缓解经费紧缺的矛盾,发挥有限资金的投资效益,试验室设备费申请款项 2 万元以上的一般需按立项方式进行管理,有关事项如下:

(一)立项范围

1.新建或改建试验室的设备购置;

2.仪器设备的批量更新;

3.贵重仪器设备的购置、维修、改造及功能开发;

4.新开综合型、设计型的试验项目;

5.其他需要设备费重点支持的试验室改革项目。

(二)立项遵循的原则和指导思想

1.设备费的立项管理是试验室管理改革的组成部分。其目的之一,在于运用科学管理的方法,把握经费使用方向,促进效益目标的实现,最大限度地发挥有限资金的作用,改善试验室装备条件,提高试验水平;其目的之二,在于通过试验设备费立项管理的可行性论证,使经费投入更具有科学性、合理性、效益性,确保试验工作的正常开展,通过立项的方法,使试验设备费专款专用,按阶段投资,避免造成财务管理工作的紊乱。

2.试验室建设项目的确立,应符合单位发展规划的要求。申请和核定经费时既要根据试验任务的实际需要,也要考虑本单位财力的现实可能。只有把需要和可能结合起来,把投入和效益结合起来,综合平衡,保证重点,才能使立项具有实际意义,成为可能。

3.试验设备费投入方向的基本方法是从全局出发,区分轻重缓急,统筹兼顾,合理安排,保证重点。在确定立项项目时,应把握重点,把投资效益放在第一位,把收益大,见效快,有长远影响的项目任务作为本单位立项的重点,给予优先安排。

4.立项要坚持从实际情况出发,实事求是,按科学态度办事,基础工作要扎实,基本数据要准确;要综合考虑投资的技术条件,当本单位的配套经费落实后,才有可能实现。

(三)设备费立项申报及审批

1.根据长远规划以及社会经济发展的需要,有重点、分步骤地建立试验室。立项申请必须按要求填写“试验室建设项目申请表”。

2.根据本单位的科研情况,呈交初步申请材料,并根据申请的情况进行初审。

3.试验室与设备管理办公室组织有关人员对立项报告进行讨论、会审,并提出初步意见。

4.科学技术处组织专家进行书面评审,还可组织试验室主任答辩,专家评审后提请本单位进行复审,复审合格者由主管部门领导签署意见后交上级机关讨论通过。

5.经费额度较大的项目必须报主管领导批准。

6.批准同意的立项以及经费额度,设备管理办公室把经费指标拨入该立项单位。立项单位必须按财经规定使用经费。

(四)项目的中期管理

1.设备费的使用必须符合立项内容的要求及财经规定,否则设备管理办公室不予支付。

2.在项目执行过程中,应定期或不定期地检查执行情况及工作完成进度,发现问题,及时解决。

3.试验室在建设过程中,如发现原计划有重大偏离,经过计划部门组织专家论证,可以调整建设计划,或撤销原项目。

4.凡项目因某种原因中途停止执行,应及时报告设备管理科。项目内容的调整需重新办理经费审批手续。

(五)项目的验收

1.项目完成后,立项单位应写出书面工作总结,报告项目执行情况及经费使用情况,工作的主要成绩以及存在的问题,并由主管部门组织专家,按试验室计划任务书规定的要求进行检查评议和验收。

2.在经费投入到位、项目完成的一年后,立项单位必须根据工作实际情况,详细写出效益报告,内容包括:试验项目的改进;试验技术、试验质量提高的具体事例;试验方面取得的成效;科研方面取得的成绩;试验室改革的成绩。凡效益不明显或不交效益报告的单位将被停止经费投入。

3.组织有关人员对立项单位进行投资收益评估。凡成绩突出的单位,可申报试验成果奖。

4.对长期不能按计划验收的试验室,主管部门组织调查小组,协调解决问题,并进行内部通报。

第二节　工地试验室建设

为促进公路工程整体质量水平的提高,保证公路工程试验检测工作的质量,我国各地都加强了为公路工程施工需要而建立的工地试验室的管理。

一、工地试验室的类型

(一)施工企业试验室

施工企业试验室是施工企业为完成所承担的施工任务而建立的试验室。

1.标段试验室。按工程招标划分的标段设置的试验室,由于其流动性较强,其规模决定于工程规模的大小及所承担的具体工程任务,人员和设备多是由施工企业总部或分部临时调配,资质也多利用总部或分部的资质,一般只具有常规施工试验检测的能力。但须经相应交通质检部门临时资质认证后才能进行检测工作。

2.中心拌和站(或厂)试验站。为方便工作,在中心拌和站或拌和厂设立的试验室,多由标段试验室派出,工作单一,任务明确,主要任务是负责检测混合料配合比例和拌和质量。

3.工点试验点。当标段里程较长,交通不便时,为方便工作,在工程队或工程量较集中的地方由标段试验室派出驻工点试验点,主要负责某一项或几项施工自检试验工作。

(二)监理中心试验室

各省、市、自治区交通部门的监理公司或咨询公司都有自己的固定试验室,主要承担本省、市、区的监理工作方面的试验任务,一般都具有甲级试验检测资质。社会监理公司大多无自己独立的试验室。较大的公路工程建设项目多由业主现场组建监理中心试验室,监理单位在施工期间对试验室拥有使用权,所有权归业主,工程建设完工后一般随同道路一同交公路管理部门使用。监理中心试验室一般规模较大,设备先进,功能完善,具有承担各类试验检测任务的能力。同时须经相应交通质检部门临时资质认证后才能进行检测工作。

(三)政府监督部门试验室

按行政区划设置,大体有三级。

(1)各省、市、自治区交通质检站所属的试验室,大部分都具有甲级试验检测资质,设备较先进、齐全,具有对各级公路进行监督试验检测的能力。

(2)各地、市交通质检站所属的试验室,业务上受所在省、市、自治区交通质检站的领导,一般具有对二级及二级以下公路进行监督试验检测的能力。

(3)各县、市交通质检部门所属的试验室,业务上受所在地、市交通质检站的领导,主要承担地方道路的监督试验检测的任务。

二、工地试验室的职责范围

各级各类工地试验室的职能不同,其职责范围也有区别,分别简单介绍如下:

(一)标段工地试验室的职责范围

1.选择料源,主要指地方材料(包括土、砂石材料、石灰)等,按设计文件提供的料源,通过试验,选择符合技术标准要求,开采方便,运输费用低的料场供施工使用。

2.试样管理,包括试样的采集、运输、分类、编号及保管。

3.验收复检,指对已进场的各种材料(包括原材料、成品或半成品材料)按技术标准或试验规程的规定,分批量进行有关技术性质试验,以决定准予使用或封存、清退。

4.标准试验,指各种混合材料的配合组成设计试验,通过试验提出配合比例及相关施工控制参数。

5.工艺试验,包括试验路铺筑、混合材料的预拌等过程中的试验工作,为施工控制采集有关的控制参数。

6.自检试验,包括配合比例、压实度、强度(包括各类试件的成型、养护和试验)、施工控制参数、分项或分部工程中间交工验收试验等。

7.协助试验,指为监理试验室提供其复核试验所需的一切材料(同现场监理人员一同取样,每种材料取两份,一份留自己试验用,一份送监理试验室),为现场监理人员抽检试验提供必要的仪器设备及人员协助,以及委托试验的送样任务。

8.协助有关方面调查施工中出现的质量问题或质量事故,为调查处理提供真实、齐全的试验数据、证据或信息,参与必要的试验检测工作。

9.对试验资料进行整理分析,提出分析报告,随时掌握施工质量动态,供有关人员参考。

10.参与现场科研试验工作,推广应用新材料、新技术、新工艺。

(二)监理中心试验室的职责范围

监理的职责是对工程的实施进行全过程、全方位的监督管理。监理试验室的职能介于施工企业和政府监督之间,既有监督的一面,也有被监督的一面。其职责主要是进行复核或平行试验。

1.评估初验。标段试验室在起用前要经过监理试验室的评估验收,包括试验室用房、设备到位及安装情况、计量及测力设备检定校验情况、人员及其资质情况、规章制度及管理情况等,以决定是否同意报审。

2.验证试验。对各种原材料或商品构件,按施工企业提供的样品、产品合格证和试验报告等进行订货前预检,以决定是否同意采购。

3.标准试验。对各种混合材料的配合比例、标准击实及所用原材料进行平行复核试验,以决定是否同意批复使用。

4.工艺试验。参与施工企业的有关工艺性的试验,包括各类试验路、混合材料预拌等过程中的试验工作,以决定是否同意正式开工。

5.抽检试验。在工程实施过程中,按规定的抽检频率,对工程所用原材料、成品或半成品材料的性能及压实度、强度等做全程跟踪抽检试验。

6.验收试验。对已完工的工程项目进行试验检测,以准确地评价工程内在品质,多指中间交验的分部及分项工程,以决定是否接收。

7.监管作用。对施工企业试验室的工作实施全面监督管理,包括质量保障体系管理、试样管理、试验工作管理、仪器设备管理、文献资料管理等。

以上工作任务有些要由监理中心试验室来完成,有些由现场监理人员在标段试验室人员的协助下来完成,也可由现场监理人员利用标段试验室的设备独立来完成。

(三)质检部门试验室的职责范围

质量监督是指为满足质量要求,按有关规定对材料、工艺、方法、条件、产品、记录分析的状态进行连续监视和验证。质量监督的实施由政府监督部门或由政府监督部门认可的具有公正性、权威性的监督检验部门,用科学方法对产品抽查检验,对企业保证产品的各种条件(质量管理制度、技术规范、测试条件、工艺装备、检验记录)进行检查,并作出科学的评价结论。监督部门的职能包括:

1.预防职能。预先排除质量问题或潜在的危害因素,防患于未然。

2.补救、完善职能。监督企业健全质量管理制度,消除产生质最缺陷的因素。处理质量纠纷,做好善后工作,弥补损失。

3.评价职能。验证评价产品质量,为仲裁提供依据,也是奖惩的依据。

4.信息职能。向政府有关部门提供有关质量信息,为政府宏观决策提供依据。

5.教育职能。宣传国家的质量方针政策,提高全员质量意识,树立先进的质量典范,惩治假冒伪劣。

按监督部门的职能,质量监督部门试验室的职责范围包括:

1.抽检试验。在工程实施过程中,定期或不定期地对在建工程的部分项目进行抽检试验,或进行全面的质量普查,以了解工程的质量动态,监督项目顺利实施。

2.竣(交)工验收检测。工程竣工后,由质检单位对工程进行全面的试验检测,提出验收报告,以决定是否接收。

三类试验室的性质不同,职能不同,职责范围也有区别。施工企业试验室的职责主要是用规定的方法和手段,对工程所用的材料、成品或半成品材料、结构构件以至结构物进行自检或试行试验,提出自检报告,作为申请监理检查验收的依据。监理试验室的职责主要是进行复核性或平行试验,提出复核或抽检试验报告,作为批复或检查验收的依据。质量监督部门试验室的职责主要是定期或不定期地对分项或分部工程进行抽检,提出抽检报告,作为监督的依据。尽管各自的职责有所侧重,但目标是一致的,即杜绝不合格材料用于工程,对不合格的构件、结构物或工程提出返工或拒收的依据，构成了既有自检、复核，又有监督的质量保障体系，保证工程质量万无一失。因此要求各类试验室必须具有性能先进、配套齐全的试验设备，以及具有专门知识和试验技能、能熟练操作使用这些设备的工作人员，充分发挥试验室或试验检测工作在工程建设中举足轻重的作用。

三、试验室组成

试验室的组成及主要任务如下：

1.土工室：主要负责土的物理和力学性质试验，路面基层材料配合比设计试验，路基、路面基层施工现场抽检等。

2.砂石室：负责水泥混凝土及沥青混合料用粗细集料的物理力学性质试验、石料的技术性质试验。

3.水泥室：主要负责水泥的物理力学性质试验。

4.水泥混凝土室：主要负责水泥混凝土配合比设计、水泥混凝土技术性质试验、水泥混凝土施工现场抽检等。

5.沥青及混合料室：主要负责沥青的物理力学性质试验，沥青混合料配合比设计、沥青混合料技术性质试验、沥青路面施工现场检测等。

6.化学分析室：负责水、土、砂石料、石灰、粉煤灰、水泥等原材料的化学分析试验，合成材料的化学分析试验，如石灰土中石灰剂量的分析。

7.标准养生室：用于强度试件的标准养生，可控制温度20℃±2℃，相对湿度大于95%。

8.力学室：负责原材料或混合材料的力学性能试验，如金属材料的机械性能试验、砂石材料的力学性能试验、混凝土的强度试验等。

9.检测室：负责道路及桥梁工程结构现场检测工作，如路基路面的平整度、弯沉、回弹模量，路面的摩擦系数、透水性，桥梁的桩基检测、荷载试验等。

10.工程制品室：负责检测道路、桥梁工程制品检测，如土工格栅、支座等。

11.储存室：用于堆放试验材料及样品，使各种试验材料免受风吹雨淋；棚内应保持通风、干燥，避免样品变质。

12.办公室：负责计划、保管样品、计量、管理设备及档案资料、安全等。

根据各试验室具体情况可将上述部门进行组合安排。

四、试验室用房

(一)基本要求

1.通风、采光、朝向

试验室应有良好的通风、采光条件。沥青及沥青混合料室必须配置通风橱柜，并安装通风设备，朝向应避开东西向。

2.供电

试验室的用电量应根据设备用电量计算，采用集中配电室控制。电路必须有安全接地，养生室的电路及灯具必须有防潮装置，大型设备、精密设备和大功率设备尽量设专用线路。

3.给排水

需用水的试验室,合理布置供水管道、下水管道。

砂石、水泥、混凝土等室的下水都必须设沉淀池,防止堵塞。化学室要设置废液回收池,定期处理,以减少对环境的污染。

4.高度

房间高度要充分考虑设备高度,如压力机,当房间受高度限制时,可考虑下地坑安装。

5.门及走道宽度

试验室的门、楼梯和走廊的宽度要充分考虑设备的外形尺寸,以方便设备进出。

6.防噪声、振动

对安装噪声、振动比较大的设备的房间,要考虑采取防噪声、振动措施,以保护建筑物、环境和工作人员的身心健康。如安装混凝土振动台、加速磨光机等的房间的墙面应安装吸声板,混凝土振动台基座下应设置减振砂池等。

7.平面布置

各室的平面布置应合理。化学室、沥青及沥青混合料室因其污染严重,应远离办公室和居民住宅楼,如果是楼房,化学室和沥青室应设在顶层。噪声大、振动大的设备应尽量远离精密设备、办公室和居民住宅楼。另外,试验室的平面布局还须考虑方便工作,如混凝土室和力学室与养生室的距离不宜太远,以便于推车行走。

8.消防设施

试验室要有完善的消防安全设施。

(二)建筑面积

建筑面积大小应根据试验室的规模确定。中心试验室与标段试验室的建筑面积可参考表2-1。

试验室的建筑面积参考表　　表2-1

分室名称	建筑面积(m^2)	分室名称	建筑面积(m^2)
土工室	20~40	力学室	100~200
砂石室	20~40	化学室	20
水泥及混凝土室	40~60	检测室	30~50
沥青及混合料室	100~200	养生室	20

第三节　仪器设备的购置

试验室的性质、规模、所承担的任务不同,对设备的需求也不同,可参考表2-2购置。设备购置要充分考虑设备的功能和用途。首先,设备的规格、型号、技术性能必须符合试验规程的规定;其次,要根据本单位所承担的工程项目配备必要的仪器设备,切勿大而全;第三,要把好质量关,不能简单地听宣传,比价钱,看价订货,应尤其注重仪器设备的使用性能。

试验室仪器设备购置参考清单　　表 2-2

分室名称	设备名称	规格型号	单位(台、套、个)	参考价格(元)	备注
力学室	数显式压力试验机	YE—3000C	1	22000	一级精度　数显
	数显式压力试验机	YE—2000C	1	28000	一级精度　数显
	万能材料试验机	WE—1000B	1	64800	一级精度　液压钳口 机械摆砣式
	万能材料试验机	WE—600B	1	55800	一级精度　液压钳口 机械摆砣式
	万能材料试验机	WE—300B	1	44000	一级精度 机械摆砣式
	数显式抗折抗压试验机	YE—300C	1	21000	一级精度　数显
	钢筋反复弯曲机	WS—8	1	1250	
砂石室	加速磨光机	JM—1	1	6700	
	洛杉矶磨耗机	DM—1	1	8700	自动数显
	石子压碎仪	国标	1	260	
	针、片状规准仪	新标准	1	170	不锈钢
	新标准石子筛	新标准	1	520	
	新标准砂石筛	新标准	1	360	
	路面集料标准筛	筛孔 80～0.075mm	1	600	
	容升筒	1～30L	1	280	
	案秤	最大称量 10kg	1	60	
	磅秤	最大称量 100kg	1	150	
	电子秤	15kg/1g	1	420	
水泥及混凝土室	水泥负压筛析仪	FSY—150	1	2700	无锡
	负压筛子	0.045mm　0.08mm	1	45	
	雷氏沸煮箱	FZ—31	1	2200	无锡
	雷氏夹	LD—50	1	160	上海
	水泥混凝土恒温恒湿养护箱	SHBY—40B	1	6800	
	水泥净浆拌和机	NJ—160	1	2900	无锡
	水泥胶砂拌和机	JJ—5	1	3900	无锡
	水泥胶砂振动台	ZT—96	1	3600	无锡
	水泥抗折试验机	DKZ—5000	1	4600	无锡
	水泥流动度跳桌	DLD—2	1	2400	无锡
	水泥标准稠度仪	新标准	1	210	无锡
	混凝土振动台	$1m^2$	1	2100	
	混凝土拌和机	SJD—60	1	5800	

续上表

分室名称	设备名称	规格型号	单位(台、套、个)	参考价格(元)	备注
水泥及混凝土室	混凝土抗压强度试模	100mm × 100mm × 100mm	1	98	
		150mm × 150mm × 150mm	1	135	
	混凝土抗折强度试模	150mm × 150mm × 550mm	1	150	
	坍落度试验仪	国标	1	130	
	混凝土抗渗试验仪	HS—40	1	9100	
	混凝土抗渗试模	上口直径 175mm, 下口直径 185mm, 高 150mm 的锥台	1	95	
	混凝土维勃稠度仪	数显	1	1800	
沥青及混合料室	运动粘度计	电控	1	1560	
	沥青针入度仪	全自动数显	1	2700	
	数显延伸度仪	1.5m		2700	
	沥青软化点仪	电控	1	680	
	沥青闪点仪	电控	1	780	
	沥青脆点仪	国标	1	1760	
	沥青集料筛	筛孔 53 ~ 0.075mm	1	680	
	沥青八字模		1	160	
	沥青集料压碎值仪	试筒内径 150mm	1	270	
	万用电炉	1000W	1	60	
	旋转式沥青薄膜烘箱	82 型	1	6200	
	旋转式沥青薄膜烘箱	85 型	1	9800	带真空循环装置
	沥青含蜡量测定仪	CXS—10	1	15500	控温精度 0.5 度
	马歇尔手动击实仪		1	420	
	马歇尔自动击实仪	SMZ—1	1	6500	
	沥青混合料快速分离机	SLF—400	1	4600	
	沥青混合料拌和机	SLHB—11	1	8900	
	马歇尔稳定度仪	MSY—30	1	3800	机械百分表
	马歇尔稳定度仪	MSY—50	1	8500	数显带打印机
	恒温水槽	单列两孔	1	420	
	恒温水槽	双列六孔	1	880	
	双金属温度计	0 ~ 300℃	1	70	

续上表

分室名称	设备名称	规格型号	单位(台、套、个)	参考价格(元)	备注
天平室	电子天平	200g/0.1g	1	380	余姚
	电子天平	1000g/0.1g	1	520	余姚
	电子天平	1000g/0.01g	1	1200	余姚
	电子天平	2000g/0.01g	1	1900	余姚
	电子天平	210g/0.01g	1	850	余姚
	电子天平	500g/0.001g	1	4800	余姚
	电子天平	200g/0.001g	1	3500	余姚
	架盘天平	100g/0.1g	1	85	上海
	架盘天平	200g/0.2g	1	95	上海
	架盘天平	500g/0.5g	1	105	上海
	架盘天平	1000g/1g	1	140	上海
	架盘天平	2000g/2g	1	240	上海
	架盘天平	5000g/5g	1	360	上海
	静水电子天平	2000g/0.1g	1	1880	余姚
	静水电子天平	5000g/0.1g	1	1980	余姚
	万分之一天平	TG—328A	1	1700	上海
	千分之一天平	TG—628A	1	1300	上海
土工室	李氏比重瓶	250ml	1	28	
	泥浆比重计	NB—1	1	350	
	液塑限联合测定仪	100g	1	280	
	光电液塑限联合测定仪	76g、100g	1	1280	
	土壤标准筛	筛孔 60 ~ 0.074mm	1	440	
	重型击实仪	4.5kg	1	660	
	轻型击实仪	2.5kg	1	560	
	灌砂筒	ϕ150mm	1	130	
	灌砂筒	ϕ100mm	1	110	
	灌砂筒	ϕ200mm	1	170	
	液压脱模器	TYT—3	1	760	
	土壤含水量快速测定仪	TS—1	1	2600	
	环刀	200cm^3	1	20	
	环刀	500cm^3	1	34	
	环刀	100cm^3	1	18	
	环刀	ϕ61.8mm × 20mm	1	23	
	环刀	ϕ79.8mm × 20mm	1	25	
	CBR 试验仪		1	3300	上海
	铝盒		1	4	

续上表

分室名称	设备名称	规格型号	单位(台、套、个)	参考价格(元)	备注
检测室	3m直尺	2m	1	180	
	平整度仪		1	1260	
	弯沉仪	5.4m	1	1900	
	钻芯机	HZ—15	1	6200	
	摩擦系数仪	BM	1	4500	
	路面构造深度仪	LZY—1	1	380	
养生室	水泥快速养护箱	SY—84	1	1800	数显
	水泥混凝土快速养护箱	HJ—84	1	2700	数显
	标养室自控仪	BYS—II	1	4800	
化学室	高温炉	SXZ4—10	1	1200	
	滴定台		1	38	
	滴定管		1	25	
	量筒	1000ml	1	24	
	量筒	500ml	1	18	
	量筒	100ml	1	8	
	烧杯	200ml	1	7	
	锥形瓶	200ml	1	5	
	蒸馏水器	5L	1	390	全不锈钢

第四节 仪器设备的布置

试验仪器设备应按照合理布置原则进行，必须根据仪器类别、试验顺序流程、保证试验符合标准的各项要求及其他各方面要求进行综合考虑。

一、仪器设备的布置原则

(一)类别原则

按试验类别划分仪器设备可分为几大类来布置：

(1)按混凝土原材料性能布置试验室；

(2)按材料的化学成分分析布置试验室；

(3)按混凝土拌和物性能布置试验室；

(4)按材料物理力学性能布置试验室;

(5)按结构或构件强度布置试验室。

我们只要把这些同类别的试验仪器设备相对集中,放在一个或几个试验室里,就符合仪器设备布置最常用的类别原则。

(二)顺序流程原则

按顺序流程来布置试验仪器设备,其主要目的是使试验人员劳动强度达到最小,尽量避免不必要的重复搬运,而使试验效率最高。

(三)保证试验正常进行的原则

有些试验仪器或设备,既不能按类别原则布置,也不能按顺序原则来安排。例如有些仪器设备需要特定的环境要求,如高精度分析天平就不能与化学分析仪器放在一块,因为会影响称重的精度;有较大噪声的设备应单独放置或远离精密试验仪器设备,以防影响其他试验的正常进行;有温度或湿度要求的试验,最好与无湿度要求的试验分开,应集中在专用试验室以节省能源等。

二、试验室仪器设备布置

试验室仪器设备的布置应根据所配置的仪器设备,综合运用布置原则,结合实际情况进行布置,才能达到合理布置的目的。

1.混凝土成型及拌和物性能试验室仪器设备的布置图见图2-1。

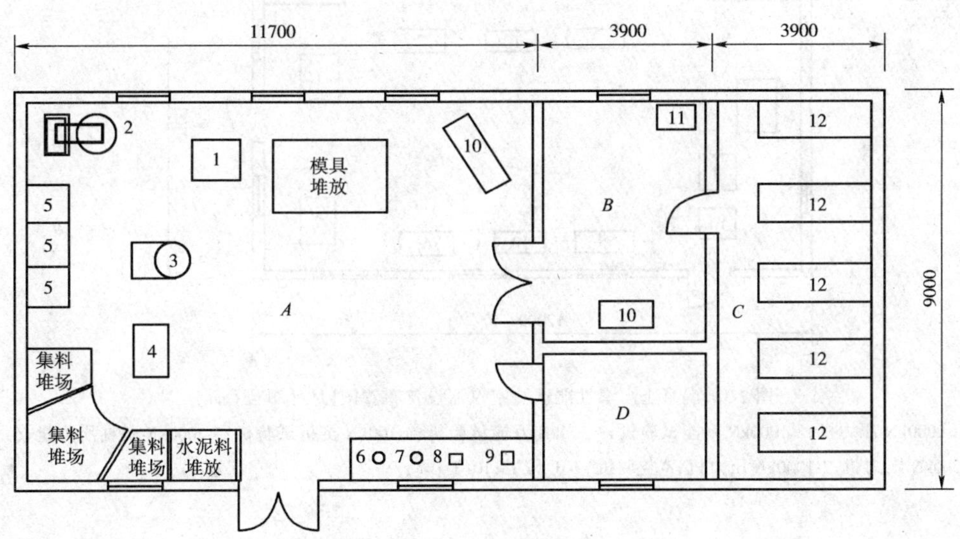

图2-1 混凝土成型及拌和物性能试验室仪器设备布置图(尺寸单位:mm)

A-成型检测;B-试件静停;C-标养室;D-办公室

1-标准振动台;2-10L搅拌机;3-60L强制式搅拌机;4-60L自落式搅拌机;5-集料磅秤;6-坍落度筒;7-含气量测定仪;8-维勃稠度仪;9-配合比分析;10-空调器;11-温湿度控制仪;12-试块养护架

2.水泥物理、力学性能试验室仪器设备的布置图见图2-2。

3.混凝土力学性能试验室仪器设备布置图见图2-3。

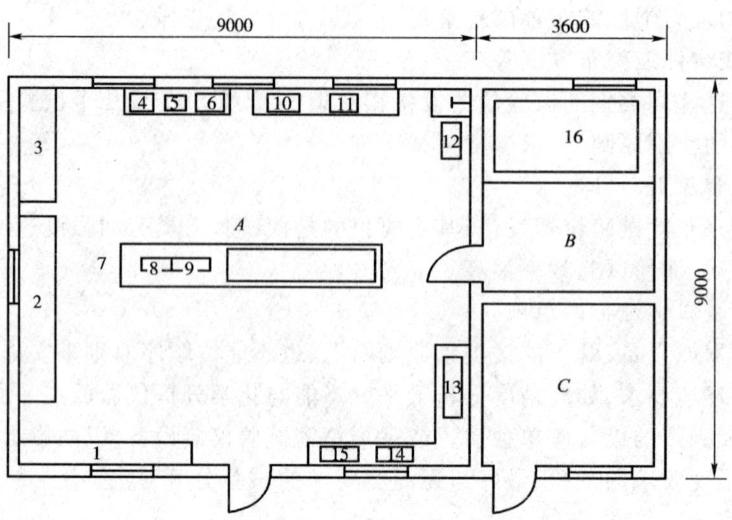

图 2-2　水泥物理、力学性能试验室仪器设备布置图(尺寸单位:mm)

A-试验室;B-养护室; C-办公室

1-试样、标准砂堆放; 2-拌料台;3-工具柜;4-净浆搅拌机;5-胶砂搅拌机;6-振动台;7-跳桌;8-标准稠度仪;9-凝结时间测定仪;10-比表面测定仪;11-气流筛、水筛; 12-空调器;13-抗折试验机;14-蒸煮箱;15-高温蒸煮箱;16-标准养护池

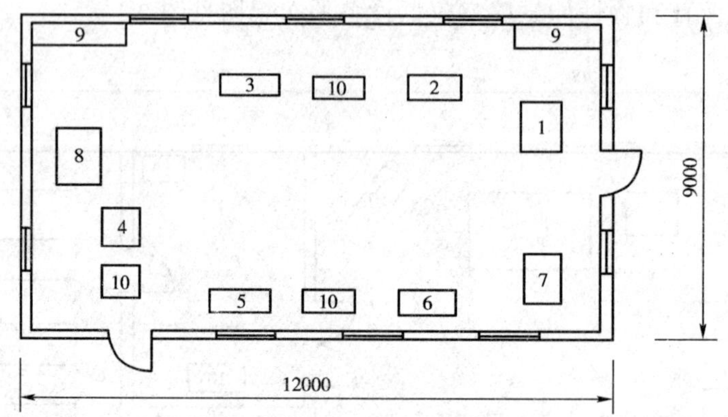

图 2-3　混凝土力学性能试验室仪器设备布置图(尺寸单位:mm)

1-2000kN 压力机;2-1000kN 万能试验机;3-300kN 万能试验机;4-100kN 抗折试验机;5-2000kN 长柱压力机;6-300kN 压力机;7-1000kN 压力机;8-空调机;9-工具柜;10-工作台

第五节　设备验收、安装及调试

一、验　　收

设备到位后,应及时组织验收。检查包装是否完好,如因运输导致设备受损,严重时可提出拒收。如包装完好,可开箱验收。首先检查所进设备有无商标铭牌,规格、型号、性能是否与订购要求一致;其次检查设备外观有无质量缺陷,并依据装箱单清点随机附件或配件。发现问

题及时向供货商提出,以便在规定的时间内使问题得到解决。

二、安　　装

一般设备放置在案台或地面上,调整放置水平就可以使用。凡是带脚螺旋孔的设备,都应砌筑基座用脚螺旋栓固定。特别值得一提的是水泥胶砂振动台必须按技术标准规定的尺寸浇筑混凝土基座,基座高度为400mm,混凝土体积约为0.25m^3,质量约600kg。为了防止外部振动影响振实效果,可在整个混凝土基座与地面之间垫一块5mm厚的天然橡胶弹性垫层。

安装时,设备放置高度、正面朝向以便于操作、维修为前提,彼此之间有干扰的设备应尽量远离。

三、调　　试

仪器安装好后,要及时进行调试,在调试前必须熟读设备使用说明书,并对照仪器弄清每个按键的功能,以免因操作不当损坏仪器,甚至危及人身安全。接电源前,首先检查电源电机,如发现问题须查明原因后方可再试运行。调试内容包括加热效果、温度及时间控制效果、机械性能等。对调试中发现的问题要及时与供货商或生产厂家联系。

大型或精密设备的验收、安装、调试全过程应有生产厂家或设备供应商参与,并负责人员培训,设备用户只检查验收。设备到位后,及时通知厂家或代理商派人员安装调试,并进行必要的人员培训。用户单位在调试完毕后组织专家检查验收,以决定接受或拒收。

设备经验收、安装和调试,如无质量问题,就可以填写收入库单,建立设备账、卡,并通知财务部门付款。

设备调试通常要做的工作有以下几个方面:

1.温度显示器精度

对有温度显示装置的设备(如烘箱、水浴、老化箱等),应检查其显示精度是否达到精度要求。具体做法是在仪器的最大温度控制范围内,由低温向高温变化温度控制值,用标准温度计分别测量仪器箱内或锅内的实际温度,与温度显示器上的显示值比较。如果实际温度在显示器的设定温度控制范围内,则认为显示器的显示精度符合要求,否则应要求厂家调试或更换。数字显示是较先进的,新进设备都应是数字显示。

2.时间显示器精度

对有时间显示装置的设备(如自动针入度仪、各类拌和机、负压筛等),应检查其显示精度是否达到要求。控时精度必须符合试验规程的要求。按试验要求的时间设定控制时间,在启动仪器的同时按动秒表,仪器自动停机的同时停止秒表,就可以测出时间显示器的误差。指针式时间显示器可以调整,而电子显示器不能调整,误差不符合要求应考虑更换。

3.质量检定

有些设备对测试装置的质量有规定,如维卡仪的导向杆和试杆、沥青针入度导向杆和针、洛杉矶磨耗试验用钢球等的质量,试验规程都有明确的规定,新进设备应进行检验。将有质量要求的部件从仪器上拆下来,在相应精度(取决于对质量的精度要求)的天平上称量。质量误差必须满足试验规程的要求。

4.容积的检定

一些容器的容积应进行校验,如容积筒、有容积刻度的玻璃容器等。容积一般用水校验,可以用自来水校验,但应考虑水的温度。对有刻度容器(如量筒)的容积出厂时都经过严格地计量检定,无需再校验。容积筒常需要校验,做法是找一块边长大于容积外径的正方形玻璃板,称干燥状态下筒+玻璃板的质量,向筒中加水,快加满时,用玻璃板盖住大半筒口,从开口处继续注水,同时推动玻璃板,当玻璃板盖满筒口时,水正好充满容积筒,玻璃板和水面之间无气泡,称筒+水+玻璃板的质量,用式(2-1)计算容积筒的容积:

$$V=\frac{m_1-m_0}{1000\rho} \tag{2-1}$$

式中:V——容积筒的容积,L;

m_0——容积筒和玻璃板的质量,g;

m_1——容积筒、玻璃板和水的质量,g;

ρ——试验温度下水的密度,g/cm^3。

5.速度检定

速度包括水平移动速度、垂直升降速度和旋转速度。

(1)水平移动速度

启动仪器的同时按动秒表,测量在一定时间间隔内仪器移动部分的移动距离,则可计算出水平移动速度,满足试验规程的误差要求即可。通常需要检定的有沥青延度仪拉伸速度和车辙仪的水平往复速度。

(2)垂直升降速度

通常主要测上升速度,如路面强度仪、马歇尔试验仪等。启动仪器的同时按动秒表,测量在一定时间间隔内仪器的升降部分的上升或下降距离,计算上升或下降速度,距离可用游标卡尺测量,精度要求较高时可用百分表或千分表测量。

(3)旋转速度

各种搅拌机的叶片、磨耗机的滚筒或转盘等都有规定的转动速度,一般用每分钟转动的圈数表示。由于上述设备的转动都比较慢,校验时在转动部件上作好记号,在启动仪器的同时按动秒表,数在一定的时间内仪器转动部分所转的圈数,计算1min的转动圈数即为转动速度,满足技术标准的规定就可以使用。

6.尺寸检定

(1)搅拌机的叶片与锅底和锅壁之间的距离校验

将拌和锅升至拌和状态,用楔形木块或铁块从叶片和锅底或锅壁间插入,到不能再插入时在楔形块上做好记号,退出后测量接触楔形块的厚度,即可测出间距。若间距大或过小,可以通过拌和锅的升降和固定装置来调整。

(2)各种规格试模的几何尺寸校验

对混凝土立方体和小梁试模,除要求对应边边长相等,且在规定尺寸误差范围内,四角必须是直角。边长用游标卡尺测量,角用直角三角板检查。拧紧试模的各固定螺丝,将直角三角板放在试模的直角处,使三角板的一个直角边紧靠模壁,检查另一个直角边是否紧靠模壁;如果没有完全靠紧,说明试模不正,用榔头朝调整方向轻轻敲打试模外壁;再用上述方法试验,直至三角板的两个直角边与试模的两个互相垂直的内壁靠紧为止。对于通过静压成型试件的圆柱体试模，用一段时间后会出现不圆或鼓肚等变形情况。校验的方法是用游标卡尺沿互相垂直的方向分别测量试模的直径，检查是否超出规定的范围。鼓肚可以用钢尺的小面沿试模高度方向紧靠内壁，观察有无缝隙，有则说明有鼓肚的情况。圆柱试模无论不圆或鼓肚，只要有一个存在，该试模则应废弃。

7.力与变形量测装置的检定

(1)应力环(也称测力计)

应力环是一种测力装置。金属环内固定一百分表，当环受力时产生变形，该变形通过百分表直接测出。路面强度仪和较落后的马歇尔仪等就是用应力测量试件破坏时作用于试件的力。应力环在使用期间要经常校验。方法是将应力环放在压力机下压板上，装好百分表，转动表壳将指针调零，连续匀速加载，每隔一定的荷载值读取百分表的读数，取两次读数的平均值作为标定结果。以变形(百分表读数)为横坐标，以力(压力机荷载值)为纵坐标，将标定曲线画在米格纸上。试验时，由试件破坏时百分表的读数标定曲线，就可以确定作用在试件上的力。也可以将标定结果回归成计算公式。标定时最大荷载不要超过应力环最大量程的 80%，以免产生残余变形，影响应力的测力精度。

(2)传感器

较先进的力与变形测试设备都采用传感器量测系统，如马歇尔仪。公路工程试验设备使用的传感器常见的有压力传感器、变形(或位移)传感器和温度传感器。

压力传感器的校验与应力环的校验大体相同。对于显示器只显示传感器本身变形的传感器，按传感器的量程选择 5~7 个荷载值，均匀连续的加载，在显示器上读取每个荷载值对应的显示值，绘制显示值荷载值关系曲线，或回归计算公式，供试验时使用。对配有数据采集、处理装置的传感器，因其读数窗显示的数值就是试件所受的力，校验的是检查显示值与试件实际所受的力的偏差是否超过容许值，连续地加载，达到每个荷载值时，减缓加载速度，在读数窗上读取显示值。

变形(位移)传感器校验时，固定传感器，让位移杆上升或下降一设定的距离，读取读数窗的显示值。

温度传感器在同条件下用标准温度计进行检定。

复习思考题

1.试验室的设置应遵循哪些原则？

2.试验室的建设规划主要包括哪些内容？建立试验室时试验用房及场地有何要求？

3.设备费的立项管理的目的是什么？立项要经过哪些主要程序？

4.仪器设备合理布置的原则是什么？在仪器设备有特定的环境要求时，采用哪种原则才能保证试验符合标准？

5.试根据本章所配置的仪器设备布置土的物理力学性能试验室、公路与桥梁结构检测试验室、沥青及沥青混合料物理力学性能试验室。

第三章

试验室管理

［学习要求］

通过对本章的学习，具备运用所学的有关试验室管理制度，在实际工作中正确拟定相关试验室管理制度的能力。

工程试验检测工作是公路工程施工技术管理中的一个重要组成部分，同时，也是公路工程施工质量控制和竣工验收评定工作中不可缺少的一个主要环节。通过试验检测能充分地利用当地原材料，能迅速推广应用新材料、新技术和新工艺；能用定量的方法科学地评定各种材料和构件的质量；能合理地控制并科学地评定工程质量。同时试验检测工作又是试验室工作中的一个关键环节，试验结果的准确、可靠性直接影响质检机构的工作质量。为了确保提供的数据准确可靠，要求质检人员在试验检测的全过程中必须严格遵照有关试验检测规程，并力求消除试验检测人为误差，提高试验检测精度。

第一节　试验室工作细则

试验室必须具有所检测项目内容业务范围内的有关技术文件，它是检测工作的依据，必须齐全。

对于不具备标准的项目内容业务范围内的有关技术文件，也可用检测机构制订的有关内部暂行操作规程或技术文件，同时只有受检单位同意后，才能按这种标准或技术文件对原材料或工程质量做出是否合格的结论，否则只能作项目认证。

一、试验有关标准

公路工程试验检测依据的是国家试验规程、规范、标准等。试验室应收集的有关标准主要有：

(1)公路土工试验规程(JTJ 051—93)；

(2)公路工程沥青及沥青混合料试验规程(JTJ 052—2000)；

(3)公路工程水泥及水泥混凝土试验规程(JTG E30—2005)；

(4)公路工程岩石试验规程(JTG E41—2005);

(5)公路工程水质分析操作规程(JTJ 056—84);

(6)公路工程无机结合料稳定材料试验规程(JTJ 057—94);

(7)公路工程集料试验规程(JTG E42—2005);

(8)公路路基路面现场测试规程(JTJ 059—95);

(9)公路工程土工合成材料试验规程(JTG E50—2006);

(10)公路工程技术标准(JTG B01—2003);

(11)公路工程质量检验评定标准(JTG F80/1—2004);

(12)公路水泥混凝土路面设计规范(JTG D40—2003);

(13)公路路基设计规范(JTG D30—2004);

(14)公路沥青路面设计规范(JTJ 014—97);

(15)公路路基施工技术规范(JTJ 033—95);

(16)公路路面基层施工技术规范(JTJ 034—2000);

(17)公路沥青路面施工技术规范(JTG F40—2004);

(18)公路工程地质勘察规范(JTJ 064—98);

(19)公路桥涵设计通用规范(JTG D60—2004);

(20)公路圬工桥涵设计规范(JTG D61—2005);

(21)公路钢筋混凝土及预应力混凝土桥涵设计规范(JTG D62—2004);

(22)公路桥涵地基与基础设计规范(JTJ 024—85);

(23)公路桥涵施工技术规范(JTJ 041—2000);

(24)水泥混凝土路面施工及验收规范(GBJ 97—87)

(25)公路水泥混凝土路面施工技术规范(JTG F30—2003)等。

二、试验室工作细则

试验室的每项试验检测方法都应根据有关国家或部颁现行最新技术标准、操作规程和有关行业工作规范制订的详细实施细则进行工作。

(一)实施细则制定的目的

由于工程实际情况的复杂性和多样性及有些标准规定得不够细致,而有些质检机构的试验操作人员可能经验不足,他们虽然已通过本单位的考核,但不一定很熟练;更重要的是试验室的工作就像工厂生产产品一样,每步都应该按工艺要求进行详细的实施,为此必须制订有关实施细则。

(二)实施细则的内容

1.技术标准、规定要求、试验检测方法、操作规程等;

2.抽样方法及样本大小;

3.检测项目、被测参数大小及允许变化范围;

4.检测仪器的名称、型号、量程、准确度、分辨率;

5.检测仪器的检查标定项目和结果;

6.检测人员组成和检测系统框图;

7.对检测仪器和样品或试件的基本要求；

8.对环境条件等的检查及从保证计量检测结果可靠角度出发、允许变化范围的规定；

9.检测过程中发生异常现象的处理办法；

10.检测过程中发生意外事故的处理办法；

11.检测结果计算整理方法。

凡要求对整体工程项目或新产品进行质量判断的检测项目，均应进行抽样检测。凡送样检测的产品，检测结果仅对样品负责，不对整体产品质量作任何评价。

（三）实施细则的有关方法

坚持质量第一的方针，当任务数量与检验质量发生矛盾时，坚持质量第一。

1.抽样方法

确定样本大小后，由委托试验检测单位提供编号进行随机抽样。原则上抽样人不得与产品直接见面，样本应在生产单位或使用单位已经检测合格的基础上抽取。特殊情况下，也容许在生产现场已经检测合格的产品中抽取。

抽样前，不得事先通知被检产品单位。抽样结束后，样品应立即封存，连同出厂检验合格证一并送往指定试验检测地点。

2.样品大小的确定方法

凡产品技术标准中，已规定样本大小的，按标准规定执行；凡产品技术标准中未明确规定样本大小的，按试验检测规程或相应技术标准中的方法确定；也可按百分比抽样方法进行。百分比抽样的抽样基数不得小于样本的5倍。

在生产现场抽样时，当天产量不得小于均衡生产时的基本日均产量；在使用抽样时，抽样基数不得小于样本的2倍。

3.样品的运输

样本确定后，抽样人应以适当的方式封存，由样本所在部门以适当的方式运往检测部门。运输方式应不损坏样本的外观及性能。样品箱、样品桶、样品的包装也应满足上述要求。

4.样品的登记

抽样结束后，由抽样人填写样品登记表，登记表应包括以下内容：产品生产单位；产品名称、型号；样品中单位产品编号；抽样依据、样本大小、抽样基数；抽样地点、运输方式；抽样日期；抽样人姓名、封样人姓名。

5.以土样的取样登记为例：

封面

工程名称________________

路线里程（或地点）

取样记录簿

第________本，共填________页

记录开始日期________年________月________日

记录完毕日期________年________月________日

取样单位：________________

扉页	目录
	______________　______________
	______________　______________
	______________　______________
	______________　______________
	______________　______________
	______________　______________
	______________　______________

内页	第　页 工程名称________ 路线里程或地点________ 试坑号______取样深度______　试坑号______取样深度______ 土样号______取土袋号______　土样号______取土袋号______ 用途______________　用途______________ 要求试验项目或取样说明　要求试验项目或取样说明 ______________　______________ 取样者______日期______　取样者______日期______

土样试验委托书

兹送上土样________个,请按所附委托书要求项目,对________路________段予以试验。共________页,第________页

试验室　　________年________月________日

土样编号	试验室编号	土样名称(野外鉴别)	取样地点或里程桩号	孔(坑)号	取样深度		试验目的									备注
					自 m	至 m										
1	2	3	4	5	6	7	8	9	10	11	12	13	14	…	31	32

主管:　　　　主管工程师审核:　　　　委托单位及联系人:

①需做之项目可自行在空白栏内填写;

②备注栏内须填写需要资料时间及寄送地点和土样试验后处理方法。

(四)注意事项

1.对于比较重要的检测项目,若采用专用检测设备,应通过试验确定其检测数据的重复性。

2.对于某些比较简单的试验检测项目,如果标准规定得很细,能满足上述要求时,可不必制订实施细则。

(五)试验检测原始记录的保存

原始记录是检测结果的如实记载,不允许随意更改,不许删减,应采用部、局等上级部门规定的统一格式的记录表。其格式根据检测的要求不同可以有所不同。主要包括:产品名称、型号、规格;产品编号、生产单位;检测项目、检测编号、检测地点;温度、湿度;主要检测仪器名称、型号、编号;检测原始记录数据、数据处理结果;检测人、复核人;试验日期等。还应包括所要求记录的信息及其他必要信息,以便在必要时能够判断检测工作在哪个环节可能出现差错。同时根据原始记录提供信息,能在一定准确度内重复所做的检测工作。

原始记录表格的填写应完整、签名齐全、文字简洁、字迹清晰、数据准确、结论正确。试验检测原始记录一律由试验检测人员填写或打印,全部测试数据必须用法定计量单位。

工程试验检测原始记录一般不得用铅笔填写,内容应完整,应有检测人员和校核人员的签名。如果确需更改,作废数据应划两条水平线,将正确数据填在上方盖更改人印章。

原始记录应集中保管,作为技术资料,由资料员保管,其保存期自工程竣工后不得少于2年,2年以上者另注明。保存方式也可用计算机软盘。

经过计算的检测结果必须通过在本领域有5年以上工作经验者校核,校核者必须在试验检测记录和报告中签字,以示负责。校核者必须认真核对检测数据,其校核范围包括测值校误、传送回误、数字计算校核、测件编号校核、检测环境的校核等。

(六)资料整理

1.检测数据的有效位数与检测系统的准确度相适应,不足部分以“0”来补齐,以测试数据的有效位数相符。

2.同一参数检测数据个数少于3时用算术平均值法;测试个数大于3时,建议采用数理统计法,求算代表值。

3.检测数据出现异常值和剔除应与规程规定相符。

4.整理后的数据应填入原始记录表的相应部位。

(七)试验报告审批

1.试验报告由各试验组组长审核,其范围包含报告外观和内存质量,在审核中发现错误,应由填写人重新填写,审核人不得自行更改。

2.经审核的试验报告要质量负责人签署意见,由技术负责签字。

(八)检测报告的发送

检验报告发送履行登记手续,并注明印刷份数。

第二节 试验室岗位责任制度

确定了人员与组织,明确了试验程序,还要制订严密、切实有效的管理制度。管理制度是保证试验工作正常进行的基本前提。它能使试验室的各类人员在不同的岗位上齐心协力、各负其责,共同把试验室工作做好,出了事故后可以及时查明原因,分清责任,以便今后工作的改进。所以,制订管理制度是管理工作的一个重要环节。“没有规矩,不成方圆”,好的管理制度是试验室高效运作的有力保障,因此,在试验室筹建期间就应着手于各项试验制度的建立,明确各自的分工和岗位职责,明确试验工作流程,强化对个人工作的检查考核,确保试验工作的规范性和严肃性。

一、管理制度内容

为了保证试验室的高效运行和高水平管理,必须建立一套可操作的管理规章制度,使试验室的管理逐步达到规范化、科学化和制度化。具体需要建立的管理制度包括以下几个方面的内容:

(1)技术岗位责任制;

(2)检测工作计划、检查和总结制度;

(3)抽样制度;

(4)样品收发、保管制度;

(5)样品检验、复验和判定制度;

(6)仪器设备、计量器具的检定标定制度;

(7)原始记录的填写,保管与检查制度;

(8)试验报告整理、审核和批准制度;

(9)事故分析及报告制度;

(10)工程产品检测制度;

(11)检测质量保证制度;

(12)仪器设备管理制度;

(13)人员培训和考核制度;

(14)档案管理制度;

(15)保密制度;

(16)安全制度;

(17)试验人员守则;

(18)仪器设备使用收费标准。

二、技术岗位责任制

制度是否健全,能否坚持贯彻执行,反映了一个单位的管理水平。对质检机构来说,它必然会影响到检测工作的质量。为了保证质量,从全面质量管理的观点出发,应对影响检测结果的各种因素(包括人的因素和物的因素)进行控制。

技术岗位责任制是质检机构的一项重要制度。应明确组织机构图中列出的各部门的职责范围和权限。各部门的职责范围应对“质量检测机构计量认证评审内容及考核办法”中规定的管理功能、技术功能全部覆盖,做到事事有人管,明确各部门的质量职责,明确各类人员的职责,尤其对检测中心负责人、技术负责人、质量负责人、检测报告签发人等项人员,应明确其职责范围、权限及质量责任。

对计量检定人员和质量检测人员要根据其考核情况确定其检测工作范围。

(一)各部门的岗位责任制

1.检测部技术责任制

(1)贯彻党和国家有关的政策法令,执行中心及检测部的有关规章制度;

(2)制订检测部的年度、季度工作计划;

(3)负责完成检测中心下达的检测任务以及委托合同检测任务;

(4)按时提出检测报告,并对公正性、准确性负责;

(5)负责编写有关产品的检测大纲、细则、方法等技术文件;

(6)参与有关标准的制订工作,以及有关产品的检测技术、方法的研究和检测设备的研制;

(7)负责本部仪器设备的维修、保养与更新;

(8)负责本部人员的思想政治教育与技术培训工作;

(9)组织本部的文明检测,搞好保密、安全、卫生等工作;

(10)提出本部半年工作小结和一年工作总结。

2.检测部办公室技术责任制

(1)贯彻党和国家有关方针政策,执行检测中心以及检测部的有关规章制度;

(2)协助中心试验室负责人安排检测计划,根据工程、合同文件编制的工程试验项目的总体实施方案,实施计划图表,负责联系承接中心下达的检测任务以及日常业务工作的接洽和对外签订委托检测合同和管理;

(3)负责所有试验项目原始记录、试验资料的整理、归档,并整理提供属于试验范围工作的竣(交)工资料,参加竣(交)工验收;

(4)负责有关文件的收发、来往信件的收发、保管、档案资料和开发研制的管理工作;

(5)负责收集、保管用于检验的标准、规程、检测细则、检验方法;

(6)负责检验报告、原始记录、检验报告的保管、发放和登记;

(7)负责样品的收发及检后处理;

(8)负责建立和保管检测仪器,设备台账,负责仪器设备计量检定证书、说明书和仪器设备使用说明书的保管;

(9)负责检测仪器设备及标准件的购置,检测收费,财务管理;

(10)试验室检测报告打印和资料复制;

(11)督促在用仪器的维修保养,以保证仪器设备处于完好状态;

(12)负责人事管理及保卫、安全、卫生日常管理工作;

(13)负责编制检测部的年度、季度检测工作计划以及制订各类人员的培训计划,组织人员考核,经检测部主任批准并报中心办公室备案后组织实施;

(14)完成检测部主任、副主任交办的其他工作。

3.检测室技术责任制

(1)贯彻党和国家有关的政策法令,执行中心以及检测部的有关规章制度;

(2)完成检测部下达的各项检测任务,制订具体工作计划并组织实施。按期提出检测报告,并对其公正性、准确性负责;

(3)参加编写有关产品的检测大纲、细则、办法等技术文件；

(4)参与有关标准的制订工作以及有关产品检测技术和检测设备的研究开发；

(5)负责本室仪器设备的校准、维修、保养与更新；

(6)负责本室人员的思想政治教育与技术培训工作；

(7)负责本室的保密、安全、卫生等工作；

(8)提出本室半年工作小结和一年工作总结。

4.检测资料室责任制

(1)负责收集保管国内外用于试验室检测的产品标准、检测规范、检测细则、检测方法和计量检定规程、暂行校验方法及专用设备鉴定资料；

(2)负责保管检测报告、原始记录；

(3)保管产品技术资料、设计文件、图纸及其他有关资料；

(4)保存抽样记录、样品发放及处理记录；

(5)保存全部文件及有关产品质量检测的政策、法令和法规。

5.仪器设备室责任制

(1)负责计量标准器具的计量检定及日常维护保养；

(2)标准件的定期比对、保管、发放及报废；

(3)负责全部试验检测仪器设备的维修及保养等工作；

(4)检测各室的在用检测仪器或超过检定周期的仪器；

(5)新购置检测仪器设备的验收工作；

(6)保管试验检测仪器设备的维修、使用、报废记录；

(7)保管检测仪器设备的计量检定证书,保存试验检测仪器设备说明书;建立并保管检测仪器设备台账；

(8)大型精密设备的值班及日常维修；

(9)制定试验检测仪器设备检定周期表,并付诸实施。

(二)试验检测各类人员的岗位责任制

1.试验检测中心主任职责

(1)全面组织领导试验室的工作,制订年度本单位的发展规划,工作计划,撰写工作总结；

(2)认真贯彻国家的有关方针、政策法令、技术规范、规程及标准,组织政治业务学习；

(3)对中心的检测工作计划完成情况及检测工作的质量负责,组织完成试验检测任务；

(4)建立健全质量管理体系和质量保证体系,切实保证能公正地、科学地、准确地进行各类检测工作；

(5)协调各部门的工作,使之纳入全面质量管理的轨道；

(6)批准经费使用计划、奖金发放计划；

(7)批准检测报告；

(8)主持事故分析会和质量分析会；

(9)加强设备管理,建立仪器保管、使用、维修标准制度,督促、检查各部门岗位责任制的执行情况；

(10)考核各类人员的工作质量；

(11)主管中心的人事工作及人员培训考核、提职、晋级工作；

(12)检查质量管理手册的执行情况，主持质量管理手册的制订、批准、补充和修改。

2.试验检测技术负责人职责

(1)在中心主任领导下，全面负责试验室的质量管理及技术工作；

(2)掌握本领域检测技术的发展方向，制订试验、检测技术的发展计划；

(3)贯彻执行国家和部颁发的技术标准、试验规程、规范和试验方法，批准测试大纲、检测实施细则、检测操作规程、非标准设备和检测仪器的暂行校验方法；

(4)负责重大或特殊试验检测项目的试验、检测方案的编制，试验操作的组织，报告整理审核工作，并对试验的全过程负责；

(5)深入各试验检测室，审查各种试验检测数据，指导试验检测人员，随时了解并解决检测过程中存在的技术问题；

(6)组织各类人员的培训、负责各类人员的考核；

(7)签发检测报告。

(8)对全室技术力量的配备，试验设备的更新，试验环境的处理提出建议。

3.试验检测质量负责人职责

(1)认真贯彻国家产品质量法，计量法等到有关规定，全面负责检测工作的质量并对检验数据的准确性和可靠性负责；

(2)定期向中心主任和技术负责人报告测试工作质量情况；

(3)深入各企业，及时了解、解决检测过程中存在的技术问题，负责试验成果报告编审，负责检测质量争议的处理并向中心主任和技术负责人报告处理结果；

(4)组织检查仪器设备维修、保管、保证在用仪器设备完好，精度合格；

(5)检查各类人员的检测质量、工作质量，负责检测质量事故的处理；

(6)制订质量政策、方针及质量目标，负责质量管理手册的贯彻执行。

4.检测部主任岗位职责

(1)对中心主任负责，完成并定期汇报本检测部的工作。对本部的检验、测试、研究开发及行政工作负全面的领导责任；

(2)负责组织完成中心下达的检测任务和交办的有关工作；

(3)负责贯彻执行党和国家有关标准、规范、规程，产品质量监督检验以及研究开发的方针政策；

(4)负责本部的工作计划、总结报告和编制长远的和年度的检测计划；

(5)负责重大工程产品质量检测(仲裁)报告的审核上报工作和其他工程产品质量检测报告的审定工作；

(6)负责本部人事安排、人员培训、考核、奖惩以及经费预决算等工作；

(7)充分发挥本部管理机构和检测室的作用，及时协调解决工作中的问题；

(8)负责处理工程产品监督检测事故。

5.检测部副主任岗位职责

(1)协助检测部主任工作并对主任负责；

(2)协助检测部主任贯彻国家有关标准化和工程产品质量监督检测、研究开发方面的方针政策；

(3)负责组织实施中心下达的监督检测任务；

(4)负责检测部检测工作质量和安全保密工作；

(5)负责对检测事故的处理，提出处理意见并报检测部主任；

(6)分管检测部办公室；

(7)批准有关人员借阅技术档案资料、检测资料和仪器设备的外借；

(8)完成检测部主任授权委托的有关事宜。

6.检测部办公室主任岗位职责

(1)负责本部日常业务工作的接待、洽谈、签订检测合同；

(2)督促和检查上级领导下达工作任务的贯彻执行情况；

(3)负责本部检测试验任务的下达、计划调度和任务的平衡协调，负责各种检验报告的审核工作；

(4)监督检查本部各项规章制度特别是质量保证和安全制度的贯彻执行，对不按照标准、检验规定进行检验而出现差错和不按时完成任务的有权指令检验或复检；

(5)参与检测事故的调查与处理；

(6)负责本部保密、安全、卫生及后勤供应等工作；

(7)对违反劳动纪律、违章作业和检测中的肇事者追究责任，提出初步处理意见并报本部主任；

(8)完成本部主任、副主任交办的各项工作。

7.检测室主任(各试验检测组组长)职责

(1)在试验室技术质量负责人的领导下，负责安排本组试验计划，组织全组人员保质保量完成检测试验任务；

(2)确定本室(组)的质量方针及质量目标，组织完成各项试验检测任务；

(3)负责本组仪器设备的保管、维护及保养，保证其完好率，并对数据准确性负责；

(4)掌握本专业国内外的现状及发展趋势，根据需要和可能，提出新的检测方案；

(5)提出计量检测仪器设备的购置、更新、改造计划；

(6)提出计量检测仪器设备的维修、降级和报废计划；

(7)考核本室(组)工作人员的工作情况及质量情况，协助室主任做好检测试验人员的技术培训和考核工作；

(8)对本室(组)各类事故提出处理意见；

(9)审阅本室(组)制订的检测大纲、检测细则及各类检测报告及原始记录；

(10)对本室(组)人员晋升提出建议；

(11)负责本室(组)的行政管理事务。

8.产品检测技术负责人岗位职责

(1)在检测部(室)主任领导下，完成产品检测技术负责工作；

(2)负责编制产品检测计划，经批准后组织实施；

(3)检查督促检测员严格按照检测工作流程及有关标准、规程、要求完成检测工作；

(4)组织和参与有关产品质量检测工作，校核检测数据，编写检测报告，对检测结果和检测报告的正确性负责；

(5)遵守保密制度，防止泄密情况，对检测结果和有关检测计划负责保密；

(6)发现检测事故应及时反映，在有关部门的领导下，积极分析原因，采取处理措施；

(7)掌握本专业的技术动态，收集有关技术资料，积极钻研检测技术，参与本专业的技术活动；

(8)承担或参与有关产品质量检验方法、测试操作规程、非标准仪器设备校准方法的制订修订工作。

9.试验检测人员职责

(1)完成检测部(室)下达的检测任务，接受试验室主任、技术负责人及质量负责人的领导，服从分配，服从试验室的统一安排；

(2)严格按照试验检测规范、规程及标准进行各项检测工作，出具“检验报告单”，确保检测数据的准确可靠，并按规定程序送审；

(3)对各自负责的试验检测工作的质量负责，做好试验前的准备工作，包括检查样品、正确分样、校对仪器、检查仪器、设备是否处于正常工作状态，试件、试验环境是否符合规定要求；

(4)严格按操作规程使用仪器、设备，做到事前有检查，事后维护保养、清理、加油、加罩、及时认真填写“使用卡”；

(5)上报检测仪器设备的检定、维修计划，有权拒绝使用不合格检测仪器或超过检定周期的仪器；

(6)认真钻研业务，不断更新专业知识，掌握本专业检测技术及检测仪器的发展趋势和现状；

(7)做好检验原始记录，包括严格按技术要求填写质量报表，填写检测原始记录及检测证书；严格按照标准要求正确处理检测数据，不得擅自取舍；

(8)有权拒绝行政或其他方面的干预；

(9)有权越级向上级领导反映各级领导违反检测规程或对检测数据弄虚作假的现象；

(10)遵守试验室管理制度；

(11)按时填写仪器设备操作使用记录；

(12)严格执行安全制度，做到文明检验。

10.计量检定员职责

(1)负责检测部使用的计量器具、仪器、设备的计量、校准的管理工作及标准物质的管理工作；

(2)正确使用计量标准器具、标准物体，并对他们按规定进行计量检定以保证其具备良好的技术状态；

(3)执行计量技术法规及计量器具规程或暂行校验方法，切实执行互检、互审制度；

(4)负责建立检测部的计量、校准档案，根据不同仪器的计量校准周期，制订出计量校准计划；

(5)确保检定数据、检定结论正确，原始记录和检定证书应用钢笔填写，字迹工整、内容完整、签名齐全；

(6)不断学习计量学知识，经常学习计量法规、规程，学习误差理论、更新知识，不断提高理论技术水平；

(7)检查各检测室在用检测仪器的周期计量制度的执行情况，有权制止使用不合格仪器和超检定周期的检测仪器，并将有关情况向上级报告；

(8)完成领导交给的其他任务。

11.档案资料保管人员职责

(1)负责各类文件、内外资料、书籍、标准的登记、分类、建账、建卡保管、收发借阅、征订工作。

(2)负责技术资料和检测资料的登记、分类、立卷、存档、建账、建卡收发借阅工作。资料室规定的各类资料在入库时均应办理登记，负责本室内原始记录检验，标准试验法及技术书刊的管理工作；资料登记应分类进行，入库手续齐全，送交人、办理人、接收人均应签名；入库资料不得任意外借，对过期资料的销毁应严格履行报批手续，并造册登记入档；认真做好防火、防盗、防蛀工作，以防资料的损坏。

(3)负责行业活动资料、企业产品质量资料的整理和保管工作。对各类资料的分类应科学合理、便于查找，努力为检测人员做好技术服务工作；密切注意国内外有关检测工作的发展，随时收集最新的技术标准、检测规程、规范、细则和检测方法。

(4)严格执行存档制度和保密制度，保证所管文件资料完整无损。丢失检测资料应视质量事故处理，填写事故报告，并视情节轻重给予必要的处分。

12.样品保管人员职责

(1)负责样品入库时外观检查、封样标记完整性检查并清点数量，核实无误后，登记入库，入库登记本应有样品保管人员签字；

(2)样品应列架分类管理，未检、已检应有明显的标记，不同单位送交的样品应有所区分；

(3)样品桶、样品箱、样品袋应清洁完好，不得用留有它物或未清洁的用具存放样品；

(4)样品保管人员应将各类样品立账、设卡，做到账、物、卡三者相符；

(5)保存样品室的环境条件符合该样品的贮存要求，不使样品变质，损坏，不使其降低或丧失性能；

(6)样品的领取应办理手续，领取者和发放者都应检查样品是否完好并签名；

(7)样品的检后处理及备用样品的处理都应按有关规定办理手续，经办人及主管人员应签名；

(8)做好样品保管室的放火、防盗工作；

(9)样品的丢失按责任事故处理。

13.仪器设备管理员职责

(1)负责检测部仪器、设备的管理工作。制定和实施仪器设备的周检计划，对必须周检的仪器设备做到及时送检和自检。

(2)参与仪器设备的安装、调试及验收工作，负责办理交验手续。

(3)负责检测部仪器、设备台账及设备档案的管理，督促检测室做好仪器、设备使用档案的记载。根据仪器设备的检定结果进行标志管理，贴上相应标签，以示仪器设备的完好状态。

(4)负责调查、分析仪器及设备事故的原因，并有权向领导建议，提出处理意见。严格执行仪器设备的使用，保管、标准、维修、降级和报废制度。

(5)负责组织定期检查水、电设备、通风管道、恒温及机械设备的情况,发现故障立即停机,组织检修,并向领导报告。

(6)对带病运转和有故障的仪器、设备,有权停止检验人员使用,并立即向领导报告。

14.检测中心(部)财会人员职责

(1)贯彻党和国家有关方针、政策和财政法规,执行中心的有关规章制度;

(2)对于检测工作的各项资金,按照有关规定进行管理和单独建账、独立核算;

(3)按照有关规定,对财务收支和经济活动的合法性、合理性、有效性进行监督;

(4)参与拟订财务收支计划,及时分析收支情况,提出改进的建议和措施,做好领导的参谋;

(5)按有关规定保质、准时编报会计报表;

(6)办理其他财会事务。

第三节　仪器设备的管理制度

仪器设备、计量器具均须按照国家标准计量部门的有关规定实行定期检定,凡没有检定合格证或超过检定有效期的仪器设备、计量器具一律不准使用。

一、仪器设备、计量标准器具的检定校准制度

1.仪器设备、计量标准器具是检测机构的最高实物标准,只能用于量质传递,特殊情况必须用于产品质量检测时,经试验检测中心领导批准。

2.仪器设备、计量标准器具的计量检定工作、维护保养工作,由仪器设备室专人负责。

3.仪器设备、计量标准器具的保存环境应满足其说明书的要求,检定周期有效期内的仪器设备、计量器具在使用过程中出现失准时,经调整或修理后,应重新进行检定。应使其经常保持最佳状态。

4.对检定合格的仪器设备、计量器具检定合格证,应随同仪器设备、计量器具一起妥善保管。

5.仪器设备、计量标准器具的使用操作人员必须经考核合格并取得操作证书。每次使用仪器设备、计量标准器具后均应作使用记录。

6.自制或非标准设备,没有国家或部门的检定标准、规定时,检测部必须按有关规定编制暂行的校准方法,报上级主管部门和国家计量部门备案,并按校准方法实行定期校准。

二、仪器设备的管理制度

1.专管的检测仪器的保管人由中心确定,使用人在使用仪器设备前应征得保管人同意并填写使用记录。

2.建立健全仪器设备的管理档案,包括使用说明书、操作规程、检验校准时间、记录及保管人、合格证、计量检定证书、故障维修记录等。

3.建立健全设备台账,包括名称、型号、生产厂家、出厂日期、原值、折旧值、残值等。

4.新购置的仪器设备必须进行全面检查合格方可使用,使用前,由使用人和保管人共同检

查仪器设备的技术状态，经确认以后，办理交待手续，所有检查都应做好记录，并签上姓名。

5.检验设备、计量器具使用时要做到用前检查、用后清洁干净。专管专用的仪器设备的使用即保管人应定期对仪器、设备进行清洁、维护及保养。

6.仪器设备的保管人应参加新购进仪器验收安装、调试工作，填写并保管仪器设备档案，填写并保管仪器设备使用记录。

7.使用贵重、精密、大型仪器设备者，均应经培训考核合格，取得操作许可证。

8.精密、贵重、大型仪器设备的安放位置不得随意变动，如确实需要变动，事先应征得仪器设备室的同意，重新安装后应对其安装位置、安装环境、安装方式进行检查，并重新进行检定或校准。

9.仪器设备保管人应负责所保管设备的清洁卫生，不用时，应罩上防尘罩。

10.长期不用的电子仪器，每隔三个月应通电一次，每次通电时间不得少于半小时。

11.检测仪器设备不得挪作他用，不得从事与检测无关的其他工作。

12.仪器设备室除对所有仪器按周期进行计量检定外，还应对它们进行不定期的抽查，以确保其功能正常，性能完好，精度满足检测工作的要求。

13.全部仪器设备的使用环境均应满足说明书的要求。

14.有温度、湿度要求者，确保温度、湿度方面的要求。

15.仪器、设备发生故障或事故时，应立即报告试验室主任和仪器设备管理人员，不得隐瞒或私自处理。

第四节 仪器设备购置、验收、维修、降级和报废制度

一、计量标准器具的购置、验收

1.由仪器设备室提出申请，中心主任批准后交办公室办理。

2.购置计划由各检测室提出，仪器设备室审核，经中心主任批准后交办公室办理。

3.到货后，由仪器设备室组织验收，验收合格的仪器设备，由仪器设备室填写设备卡片，不合格的产品，由办公室联系返修或退货。

二、检测仪器设备的维修

1.由仪器设备室归口管理。

2.各专业检测室根据检测仪器设备的技术状态和使用时间，填写仪器设备维修申请书。由仪器设备室在规定的时间内进行维修。

3.在计量检定中发现仪器设备损坏或性能下降时，由仪器设备室直接进行维修，维修情况应填入设备档案。

4.修理后的仪器设备均由仪器设备室按检定结果分别贴上合格(绿)、准用(黄)或停用(红)三种标志。其他人员均不得私自更改。

5.材料试验机、疲劳试验机、振动台等试验设备的清洗和换油工作由各专业检测室的设备保管人员负责，并在设备档案内详细记载。

三、降级和报废

1.检测仪器设备的技术性能降低或功能丧失、损坏时,应办理降级使用或报废手续。

2.凡降级使用的仪器设备均应由各专业检测室提出申请,由仪器设备室确定其实际检定精度,提出使用范围的建议,经中心主任批准后实施。

3.降级使用情况应载入设备档案。

4.凡报废的仪器设备均应由各专业检测室填写“仪器设备报废申请单”,经仪器设备室确认后由中心主任批准,并填入设备档案。

5.已报废的仪器设备,不应存放在试验室内,其档案由资料室统一保管。

第五节　检测事故分析报告制度

一、检测事故的发生情况

检测过程中发生下列情况按事故处理:

1.样品丢失、零部件丢失,样品损坏。

2.样品生产单位提供的技术资料丢失或失密,检测报告丢失,原始记录丢失或失密。

3.由于检测人员、检测仪器设备、检测条件不符合检测工作的要求,试验方法有误,数据差错,而造成的检测结论错误。

4.检测过程中发生人身伤亡。

5.检测过程中发生仪器设备损坏。

二、事故的处理

1.凡违反上述各项规定所造成的事故均为责任事故,可按经济损失大小、人身伤亡情况分成小事故、大事故和重大事故。

2.重大或大事故发生后,应立即采取有效措施,防止事态扩大,抢救伤亡人员,并保护现场,通知有关人员处理事故。

3.事故发生后三天内,由发生事故部门填写事故报告单,报告办公室。

4.事故发生五天内,由中心负责人主持,召开事故分析会,对事故的直接责任者作出处理,对事故作善后处理并制定相应的办法,以防类似事故产生。

5.重大或大事故发生后一周内,中心应向上级主管部门补交事故处理专题报告。

第六节　技术资料文件的管理及保密制度

一、技术资料文件的管理制度

1.检测部指定专人或兼职人员负责管理档案资料,并按照文件资料性质分类、编目、设卡存放。技术资料入库时,应办理交接手续,统一编号填写资料索引卡片。

2.凡本部人员参加的学术会议,技术鉴定会所得资料,或以本部名义向有关单位索取的,以及公款购买的各种资料(规程、规范、标准、方法)以及试验原始记录及试验报告单存底,仪器设备档案,鉴定证书,均应交资料室统一管理。

3.检测所用的标准、规范、试验方法等工具书由资料室集中分专业整理保存一套;本部人员确因工作需要查阅文件资料时,原则上只能在档案室查阅,如要借出须经检测部办公室主任同意,同时应办理相应的借阅手续,借期不超过一星期。

4.检验报告与原始记录不允许复制,不得遗失、拆卸、调换、转借及污损。

5.外单位人员查阅文件资料时,须持单位介绍信并经检测部主任批准,只限在档案室内查阅,不准带出室外,未经许可不得摘录、拍照和复印。与检测无关的人员不得借阅检测报告和原始记录。

6.根据文件资料的重要程度确定存档期限,重要的文件资料保存五年。一般的文件资料保存三年。超期的文件资料,经中心主任批准后进行销毁,并在档案目录中予以注销。

二、长期保存的技术资料

长期保存的技术资料由资料室负责收集、整理、保存。应该长期保存的技术资料有:

(1)国家、地区、部门有关产品质量检测工作的政策、法令、文件、法规和规定。

(2)产品技术标准、相关标准、参考标准(国外和国内的)、检测规程、规范大纲、细则、操作规程和方法(国外、国内或自编的)。

(3)计量检测规程、暂行效验方法。

(4)仪器设备说明书、计量合格证、仪器、仪表、设备的验收、维修、使用、降级和报废记录。

(5)仪器设备明细表和台账。

(6)产品检验委托书、设计文件及其他技术资料。

三、短期保存的技术资料

短期保存的技术资料由检测部整理,填写技术资料目录并对卷内资料进行编号,由资料室装订成册。短期保存的技术资料有:

(1)各类原始记录,保管期不少于2年;

(2)各类检测报告,保管期不少于2年;

(3)用户反馈意见及处理结果,保管期不少于2年;

(4)样品入库、发放及处理登记本,保管期不少于2年。

四、原始记录的填写、保管与检查制度

1.原始记录是抽样与检测时填写的最初记录,它是反映被检产品质量的第一手资料,应该严肃认真对待。

2.原始记录应采用规定格式的记录表格,用钢笔或圆珠笔填写一份,原始记录不得随意涂改或删除,如果确须更改,作废数据应划两条水平线,将正确数据填在上方,盖更改人印章。

3.原始记录内容应填写完整,字迹工整,检测中不检测的项目在相应的空栏目内画一横线或加以说明。

4.原始记录上必须有检测、记录与校核人员的签名。检测组在提出检测报告的同时，应将原始记录一同上交审核，原始记录审核正确无误后，由办公室统一编号、集中保管。

五、检测报告整理审核和批准制度

1.检测报告是判定有关材料性质的主要技术依据，因此要严格履行审核手续。

2.检测人员要按照规定格式、文字、认真填写，要做到字迹清晰、数据准确、内容真实。不得擅自取舍，如有无需填写的栏目，应在空栏内画一横线或加以说明。

3.检测人员在完成检测任务后，必须在一定时间内交给有关检测负责人，确认无误后立即写出检测报告交办公室审阅。如发现数据有问题必须立即分析原因，必要时应进行复验。

4.检测报告需经办公室主任初审再由检测部主任或副主任审阅签字方可发出报告。

5.检测报告待检测数据全部到齐，一般应在两天内发出正式报告，对特殊要求应提前发出。

6.办公室对检测数据有疑问，有权提出重新检测，各检测组不得无故拒绝。

7.检测报告发出时，应登记并由对方签字。随后将数据整理归档。

六、保密制度

为了加强各环节的保密工作，保证受检企业的正当权益，保持检测中心的公正性地位，特制定本制度。

1.属于保密范围内的文件资料、检测报告或检测数据，在上级未公布之前，或未经委托方和受检企业同意，均应保密，不得向外扩散。

2.抽样人员接受抽样任务后，应切实做好保密工作，不得事先向有关企业部门透露抽样消息，防止抽取缺乏代表性的虚假样品。

3.样品测试过程中，为加强保密工作，非试验人员严禁进入试验室，在有受检企业参加调试的试验中，受检企业之间应相互回避。

4.检测中心内部会议，或者检测组内形成的意见决定，不得随意向外透露。检测数据除受检企业外，非经正式渠道，任何人不得以任何方式向任何部门泄露。

5.为保护受检企业的权益，对受检单位提供检测用的技术资料和设计文件，中心负责保密，仅供与检测工作有关的人员检测时使用，其他任何人不得使用或复制。检测验收后，检测人员一般也不得索取或复制。

6.检测中心一切工作人员均应遵守保密制度，如因不执行而造成不良后果时，应追究当事人的责任，并给予必要的处分。

第七节　检测样品的管理制度

一、抽样制度

1.根据中心下达的工作任务，对产品质量抽检、评优、新产品鉴定、产品生产许可证和仲裁等项工作负责组织抽取检验样品。

2.抽检样品由检测部派熟悉抽样业务的技术人员前往抽取,抽样人员必须熟悉抽样业务,抽样小组至少两人组成。

3.抽样人员必须严格按照标准规定,随机抽样,如实填写抽样报告单。

4.抽样人员要秉公执法,不徇私情,在抽样过程中发现特殊制样的情况,抽样人员有权拒绝抽样,并将情况报告主管部门。

5.检验的样品一经抽取,不得更换。

二、样品的管理制度

1.样品保管室由办公室指定专人负责。

2.检测部设立专职或兼职样品保管员,建立样品账册制度。样品入库、领用、归还、处理及受检单位领回样品时,均应按规定办理有关手续。

3.样品入库时,保管员和送样者共同开封对样品实物与样品记载文件(如抽样表)是否相符进行检查。物品交库完毕,由保管员填写样品单,编号入样品保管室保存,并办理入库登记手续,送样者应在样品单上签字;样品上应有明显的标志,确保不同单位和同类样品不致混杂。

4.样品保管室的环境应符合样品的存放条件,如温度、湿度要求等等,同时须有防火、防盗措施,避免使样品变质、损坏、丧失或降低其功能。

5.样品保管室应做到账、物、卡三者相符。

6.检测时,检测组须持检测计划任务单或样品领取单方可到样品保管室领取样品,领取时,应在样品单上签字。

三、样品的检后处理

1.检测工作结束后,检测结果经核实无误后,应于三天内将样品归还样品库保管,归还人应在样品单上签字,须保留样品的,立即通知送检单位前来领取。

2.受检单位领回样品,应办理领回手续。若属于消耗性样品,测试完毕后,在保管员监督下,由检测室直接进行处理,最后,保管员应在样品单上签字,并将样品单装订成册、妥善保存。

3.检后产品的保管期一般为申诉有效期后的一个月。

4.过期无人领取,则作无主物品处理。

5.破坏性检测后样品,确认试验方法、检测仪器、检测环境检测结果无误后,才准撤离试验现场。

6.除用户有特殊要求,一般不再保存。

7.不管是以哪种方式处理,均应办理处理手续,处理人应签字。

四、样品检验、复验和判定制度

1.样品检验、复验及判定必须严格执行产品质量标准和试验方法的规定,以保证检验判定的可比性、正确性和科学性。

2.检测组应由熟悉业务的工程师担任负责人,小组成员必须能胜任检测工作。

3.检测组在接到计划任务单后,应迅速做好技术准备,对有关的仪器设备要进行调试,确保完好状态。

4.原始数据应按规定的格式填写,目测数据应由两人互相校对共同负责,计算机采集数据应存入磁盘。

5.检测工作不应受任何单位、部门和个人的影响,检测工作程序应严格按照操作规程执行。

6.产品质量检验结果的判定,由检测组负责人提出,检测室主任初审,检测部主任审定签字后,报中心办公室盖章方可发送,重大工程产品检测报告需报中心主任审定。

7.遇下列情况之一者,允许复验:

(1)由于人为因素造成操作错误或读数错误而导致检测数据不准;

(2)检测中设备仪器出现失灵或试验环境发生变化;

(3)由于不可抗拒的客观因素(如火灾)使测试中断,失准或无法正常进行;

(4)由于操作或设备仪器的原因导致样品不符合规定要求,从而无法进行测试和判定;

(5)受检单位提出异议,并符合“被检单位对检验报告提出异议的处理制度”中复测条件。

8.如进行复验,对产品质量的判定原则上以复验数据为准,复验前数据全部无效。

9.在重要试验中,有临界线附近的数据时,也可考虑复验。

第八节　检测工作计划、检查和总结制度

为了使检测部的各项检测工作能够有计划、有步骤地顺利开展,保证高质量按时完成,特制订本制度。检测部制订工作计划的主要依据是:

(1)检测中心以文件形式下达的检测任务;

(2)同法人签有书面文件的委托性检测任务;

(3)各年度例行的检测人员培训目标等。

1.检测部承担的各种任务,由办公室根据任务要求和各检测室的分工和能力进行协调,编制年度检测计划或专项计划,经检测部主任批准后实施。对计划之外的新增任务和临时性任务,可采用滚动计划进行补充。

2.检测计划实施过程中,部办公室应随时了解工作进度和执行情况。各检测室应定时或不定时地向办公室提供任务执行情况,反映存在问题,办公室应及时协调解决。遇有重大问题应立即向检测部主任汇报,并由主任协调解决。

3.各检测室必须按批准的计划全项执行,不得无故中断,放弃和增加。有特殊情况需要临时撤销和增加的项目,须由任务承担者报办公室,经检测部主任批准后方可生效。

4.各检测室每半年对计划执行情况进行一次小结、年度进行一次总结,办公室应负责年度检测计划与专项检测计划执行情况的汇总工作。专项检测任务结束时,检测主要负责人负责专题工作总结。

5.检测部每年6月30日前向中心报告该年度上半年工作计划执行情况和下半年工作调整计划。年终要总结工作情况,按要求时间报中心。

第九节　试验室管理制度

一、卫 生 方 面

1.试验室是进行检测、检定工作的场所,必须保持清洁、整齐、安静;

2.试验室内禁止随地吐痰、吸烟、吃东西;

3.禁止将与检测工作无关的物品带入试验室;

4.恒温恒湿室内不得喝水,禁止用湿布擦地,禁止开启门窗。

5.需要换鞋、换衣的试验室,不论任何人进入,都要按规定更换工作服、鞋;

6.试验室应建立卫生值日制度,每天必须打扫卫生,每周彻底清扫一次,空调通风管每季度彻底清扫一次。

二、安 全 方 面

1.下班后与节假日,必须切断电源、水源、气源,关好门窗,以保证试验室的安全;

2.仪器设备的零配件要妥善保管,连接线、常用工具应排列整齐;

3.说明书、操作手册和原始记录表等应专柜保管;

4.带电作业应由两人以上操作,地面应采取绝缘措施;

5.电烙铁应放在烙铁架上,电源线应排列整齐,不得横跨过道;

6.试验室内设置消防设施、消防栓和灭火桶;

7.灭火桶应经常检查,任何人不得私自挪动位置,不得挪作他用。

第十节　技术安全管理制度

一、日常工作安全管理制度

1.安全管理日常工作由办公室处理,各组负责人协助其管理本组的日常工作。

2.必须高度重视安全工作,应自觉遵守安全制度和有关安全规定,严格执行操作规程,正确使用仪器、设备及工具,不得违章操作。

3.外业人员、新上岗人员、实习人员必须接受安全教育后方可进入工作岗位。

4.从事精密仪器、电气、高温、腐蚀、防辐射等工作的人员,除应进行安全教育外,还必须接受专门技术训练并考试合格。

5.定期检查安全工作,并写出检查报告。

二、防火安全工作及危险物品的管理制度

1.仪器设备分别设专人管理,凡有火源的操作室及易发生火灾的处所,应设置消防器材,以备应急之用。

2.所有消防器材设专人管理,做到定期进行检查以保持消防器材经常处于良好状态,未经

批准，备有消防器材不许挪动，所有消防器材禁止挪作他用。

3.禁止在操作间吸烟。严禁私用电炉、烘箱。

4.仪器设备建立安全操作细则，使用者必须严格执行安全规则，不得违反。

5.凡不熟悉仪器设备操作规则又无人指导者，任何人不得擅自上机使用。

6.仪器设备在使用前必须检查电源是否正确，电器接地是否牢靠，水、气是否畅通，然后试运转，确认运转正常后方可使用。

7.操作人员在操作时，必须配备必要防护用品。

8.仪器设备终止工作时，必须关闭电源、水源，将仪器清理干净，必要时罩上防尘罩布。

9.汽油、酒精等易燃体应远离电源，做到少量存放随用随取。

10.易爆、易腐蚀物品，以及含放射性物质源的仪器均属危险品，应设专人、专库、专账保管。

11.危险品库应按照规定与周围的建筑设施、电源、火源间隔一定的距离，并按照其各自要求采取相应的安全措施。

第十一节　人员培训和考核制度

一、检测人员的培训与考试

1.检测人员必须经考试合格，获得检测员证书，才能从事检测工作。

2.检测部按中心统一部署，对参加考试的人员进行本部负责的工程产品质量检测专业知识和计量知识的培训。

3.由中心与检测部组成考核小组，负责命题和组织考核，考核内容应与所从事检测工作相符。

4.考核分笔试(应知)和实际操作(应会)两部分，实行百分制。两部分均达60分者为合格。实际操作要按检测实施细则和有关操作规程自始至终操作一遍。考核合格由中心发给产品质量检测员证书。

5.检测人员改变其从事检测项目或增加新的检测项目，应按考核规定，办理从事新项目的检测证书。

6.从事本专业工作两年以上的工程师，或从事本专业工作五年以上担任测试组组长以上的专业检测人员免考。

7."产品质量检测员证"有效期五年，到期后重新组织考核验证。

二、计量检定员的培训与考核

1.考核内容为计量基本知识(计量法常识、国际单位制基本内容、误差理论基本知识)和计量专业知识(了解本专业所用标准仪器的结构原理和正确使用维护知识，对本专业的检定系统和检定规程的理解和掌握的熟练程度，实际操作和数据处理能力)。

2.考核分笔试(应知)和实际操作(应会)两部分，实行百分制。两部分均达60分者为合格。实际操作要按检定规程和有关操作规程自始至终操作一遍。

3.考核采用两种方法:

(1)由建设部主管计量工作的部门组织考核。笔试命题由全国计量检定人员考核委员会负责,主管部门监考。笔试和操作合格者,由主管部门发给计量检定员证书。

(2)政府计量行政部门的考核。笔试参加主管部门组织的统一考试。操作考核时间协商安排。考核合格者由政府计量行政部门发给计量检定员证书。

4.“计量检定员证”的有效期为五年,到期后由质检机构的主管部门或政府计量行政部门重新组织考核验证。

第十二节　受检单位对检测报告提出异议的处理制度

1.受检单位接到检测报告后如有异议,应以书面形式在一个月内向检测中心提出申诉报告,逾期不予受理。

2.检测中心接到申诉报告经中心办公室登记后,由中心副主任批示有关检测部主任,责成有关人员对有关的原始记录、检测报告、测试过程、测试样品、仪器设备以及检测人员等进行认真细致的调查核实,确定其申诉理由是否成立,并报告检测部主任和中心副主任。

3.如确认原检测报告无误,应于接到被检单位提出异议报告或上级部门转来报告后半个月内,由中心办公室根据审查结果,向申诉单位作出答复。

4.对申诉理由成立者,检测部主任根据情况组织人员部分重测或全部重测,如样品原因影响检测结果者,应重新抽样检测,重检费用由双方商定。

5.经复验证明检测错误,写出更正报告,经检测部主任签字,中心副主任审定后报检测中心上级有关部门,并向受检单位宣布原检测报告无效。

6.申诉处理报告单填写一式三份,一份交申诉单位,一份报上级主管部门,一份由中心存档。

第十三节　检测人员守则

在试验检测工作中,检测人员的行为准则是:坚持质量第一,督促过程控制,保证数据科学准确,公正可行;以先进技术、科学管理为最高宗旨;以技术规范,合同条款为行为准则;以完美工程、顾客满意为追求目标。同时要遵循坚持质量第一,科学、廉洁、公正、高效,为社会提供准确、可靠、真实、权威的检验数据的方针和达到检验准确率100%,顾客满意度100%,公平、及时地为社会提供有效、可靠的服务的质量目标。因此,检测人员必须遵守以下守则:

1.认真学习贯彻国家、部门、地方有关质量方面的文件、政策、法令、法规,严格按产品技术标准、试验检测规程进行各项测试工作。

2.坚持原则,忠于职守,作风正派,秉公办事,遵守质检机构规定的各项规章制度。

3.不准利用职权和工作条件接受受检企业或单位的礼品。

4.不准擅自多抽或少抽样品,不准违章处理或使用样品。

5.不准受贿,不准假公济私、弄虚作假。

总之,有了好的管理制度,如果束之高阁而不执行,还是按老习惯去做,那么就等于没有任何制度，也搞不好试验室的管理工作。如何按制度办事，并持之以恒，是使试验室工作走上规范化、标准化的关键所在。这就需要有专门的部门、专职人员去贯彻落实制度。这项工作一般由办公室负责，办公室负责人亲自监督。

首先要监督检查各项规章制度是否已经贯彻和执行。对于擅自不执行规章制度者，应按有关规定严肃处理。

其次是要深入了解掌握各试验组的工作动态，及时发现哪些规章制度还存在缺陷，必须加以改进完善的，如发现较大的问题，还可以成立 QC 小组，发挥群众的积极性，共同解决，根据实际所遇到的问题制定出切实可行的制度。在贯彻执行管理制度时同样要制定出执行计划，检查、落实，而后发现问题，再制定执行计划，进入第二个循环。只有这样才能把我们的试验管理工作规范化、标准化。

复习思考题

1.试验室工作实施细则的内容有哪些？

2.你认为中小型试验检测室、检测资料室、仪器设备室岗位责任制应如何拟定。

3.试拟定中小型试验室检测人员的职责。

4.你认为中小型试验室仪器设备的管理制度应从哪几方面拟定？

5.你认为中小型试验室仪器设备购置、验收、维修、降级和报废制度应如何拟定？

6.检测过程中发生什么情况时，应按事故处理。如何处理小事故、大事故和重大事故？

7.样品入库时应做好哪些工作？

8.检测工作的质量方针是什么？试根据此方针拟定中小型试验室检测人员守则。

9.简述受检单位对检测报告提出异议的处理制度。

10.试述检测人员应遵守哪些基本守则？

第四章 试验仪器设备管理

［学习要求］

通过对本章的学习能对拟购置的常规仪器设备进行合理的管理，并具备制订相应仪器设备的试验操作规程的能力。

第一节　概　述

试验设备是试验室的硬件，是开展试验工作的物质基础。设备管理是试验室的一项经常性、基础性的工作，其目的是为了更好地使用试验设备。设备管理的好坏直接关系到试验室能否正常开展工作，因此必须充分重视。

一、建立账、卡、物管理制度

设备账一般按购置时间顺序登记，包括设备名称、编号、规格型号、生产厂家、制造年份、价格等。卡除包括账上登记的内容外，还包括设备性能、用途、随机附件、外形尺寸、设备购置费、运输费、安装费、维修费、报废年月等。账卡和物应分离管理，即管物的不能管理账、卡，管账、卡的不能管理物，起到互相监督、制约的作用。账、卡、物相符是设备管理的起码要求。

二、建立岗位责任制

设备应分室由专人管理和使用。岗位责任人对设备的保养、维修、使用及试验室安全负有全部责任，并对试验室主任负责。岗位责任人必须熟悉所管仪器设备的性能、操作规程，并能熟练进行试验操作，能排除常见的小故障，定期对设备进行必要的保养，如擦洗、涂油、通电运行等，使设备处于正常的使用状态。非岗位责任人使用仪器设备须经过岗位责任人的同意，并在岗位责任人指导下或按其要求进行操作。

三、建立设备检定制度

为了确保试验设备处于正常的使用状态，确保试验结果准确无误，新启用的设备应进行计量检定，使用中的试验设备必须进行定期或不定期地计量检定。凡是计量、测力装置应由计量部门进行计量检定,并出具检定报告;使用频率比较高的设备一般一年检定一次。设备在使用过程中应根据需要随时进行必要的检定,如试验结果有异常时。对于新启用的容器、测温仪器等在使用前应进行标定或校正。

四、建立正常使用维护制度

设备在使用前应检查设备是否处于工作状态,如电源是否接通,电压、油位(压力机)、水位(水浴)是否满足使用要求,并清洁仪器表面。使用完毕后要及时断电、擦洗清扫、套上外罩,防止落尘,保持仪器清洁。对于电器设备,如不经常使用,应定期通电运行;一般一个月一次,每次运行时间不少于半小时;如遇阴雨天气,因空气湿度大,应增加通电运行次数,并延长通电时间。

五、建立使用维修登记制度

大型或较大型试验设备应建立使用登记制度,内容包括使用日期和时段、试验内容、设备状况、故障情况等。使用登记由使用人填写,非岗位责任人在使用设备后应经岗位责任人验收检查,并在登记册上签字认可后方可离去。设备维修情况也应在使用登记册上进行登记,内容包括维修时间、项目、所更换的零部件、费用、维修人等。使用维修登记反映设备在使用期间的性能状况,是设备使用、维修、报废的依据,应该认真填写。

本章主要介绍试验设备管理问题,其中包括试验设备的使用、维护及检验技术。

第二节　技术准备

不论是哪一种仪器设备,技术准备就是了解该设备的基本情况,包括工作原理、主要用途、基本技术参数、基本结构、操作要点、安全保护装置、维护要点等。

技术准备的主要途径是认真阅读该设备的说明书以及与该设备所进行试验有关的国家标准。使用说明书是制造厂家对设备性能的说明。国家标准是由主管部门对材料及试验方法的规定。因此,这两部分内容是重点。对另外一些需要进一步深入了解的内容,如某些仪器的详细工作原理可以根据个人具体情况参阅有关的书籍和刊物。

技术准备是为后续工作打基础,没有这个基础或基础打得不好,以后的工作肯定做不好。我们常常看到一些全新的、很好的仪器设备往往一次正式试验没做成,就已经报废而被弃置一旁,造成很大浪费。究其原因不难发现这往往是由于操作人员自以为是,不进行技术准备盲目蛮干造成的。有时甚至造成人员伤亡的严重事故。因此技术准备工作一定要先行。

下面我们以混凝土试验室经常使用的2000kN液压式压力机为例(NYL—200D型),介绍技术准备如何进行。

1.主要用途

主要用于混凝土、水泥、砖、石等建筑材料的抗压试验。

2.基本技术参数

最大荷载为2000kN、分为0~800kN和0~2000kN两档,误差±1%。

3.工作原理

液压油从油箱流入高压油泵,从高压油泵排除经油阀分别送到液压缸和测力计,液压缸对试件施加荷载的同时测力计指示出荷载值。试验完毕后,液压油经回油阀回到油箱。

4.基本结构

包括机架、油箱、油泵、测力计、送油阀、回油阀、手轮等部分。

5.操作要点

(1)先检查油箱内液压油是否充足以及油路是否渗漏;

(2)根据试件情况更换合适的测力弹簧并调整测力计指针的零点位置;

(3)转动手轮使上压板刚刚接触试件表面;

(4)打开送油阀,关闭回油阀;

(5)启动油泵,电机开始施加荷载;

(6)注意观察指针运动情况,按不同试件加荷速度要求调节送油阀开启程度;

(7)至试件破坏后,关闭送油阀,打开回油阀并关闭油泵电机,使液压油回流到油箱内。

6.安全保护装置

查阅说明书电器控制图,可以看到一个限位开关。当此开关切断以后,接触器断电,油泵电机将被迫停转即停止施加荷载。显然这就是一个限制荷载的保护装置。因此,它的实际安装位置一定在与荷载有关的部位,不是在油缸上就是在测力计上。实际观察可以看到是安装在测力计上。当测力计测到最大荷载时此开关切断油泵电机电源,停止继续施加荷载,保证设备安全。

7.维护要点

液压油的使用应根据环境温度不同而改变。当环境温度为20℃±5℃时,采用20号机械油。温度为30℃以上时采用30号机械油。视设备使用情况每半年到一年更换一次油。设备没有涂漆的表面应薄薄涂一层机油防锈。减少磨损。

查阅使用说明书以后,还要查阅相关的国家标准。

相关内容如下:

(1)混凝土立方体抗压强度试验所采用试验机的精度(示值的相对误差)至少应为±1%,其量程应满足使试件的预期破坏荷载值不小于量程的20%,也不大于量程的80%。

(2)混凝土试件的试验应连续而均匀地加荷,加荷速度为:混凝土强度等级低于C30时,取0.3~0.5MPa/s(每秒3~50kgf/cm^2);混凝土强度等级高于或等于C30时,取0.5~0.8MPa/s(每秒3~5kgf/cm^2)。当试件接近破坏而开始迅速变形时,停止调整试验机油门,直至破坏。然后记录破坏荷载。

第三节 使用技术

常规试验仪器尽管工作原理、使用方法千差万别,初次接触的人常感到无所适从,但有一些基本的使用原则是通用的。掌握住这些基本使用原则,再结合技术准备,就能够较快地达到熟练使用仪器的要求。

使用的主要原则可以归纳为:零点调整、量程设置、过程控制和过程结束。

一、零点调整

一般情况凡需要通过某种显示装置读出试验结果的仪器设备都要进行零点调整。这里面也包括初始值的调整。零点调整不正确会产生系统误差,影响试验结果。

(1)机械仪器设备的零点调整:一些以指针、刻度盘、标尺等部件显示力、质量、长度等物理量的仪器设备要进行零点调整。例如压力机、万能试验机、电动抗折试验机、天平、磅秤等。调节零点时要注意各仪器设备调零时所要求的不同条件,如安装位置、角度以及环境条件等。

(2)机械仪器设备的初始位置调整:初始位置和零点的差异在于初始位置是非零的。某些仪器设备的试验结果是以最终值和初始值之差表示的。这就需要初始位置的调整。例如坍落度仪、维勃稠度仪等。调整时的注意事项和零点调整时相似,同时还要记录初始值。

(3)电气电子设备的零点调整:这里面又分为两种情况。第一种是仪表的机械零点调整。常见的动圈式指针仪表,其指针的机械零点需要调整。一般在仪表正面外壳上有一调节螺钉,轻轻旋动螺钉即可调零。通常在仪表未通电以前就进行机械零点的调整。第二种是电位零点的调整。这是仪器设备通电以后(有些还要预热一段时间)进行的调整。调零时只要调节仪器面板上零位旋钮即可。还有的仪器有满刻度调整,只要调节仪器面板上满刻度旋钮即可。

(4)电气电子设备初始值的调整:和机械仪器设备一样,电气电子设备也有初始值的调整问题。例如带时间控制的水泥蒸养箱、烘箱等,就需要调整试验起始时间。

二、量 程 设 置

调整好零点的仪器设备、接下来要进行量程设置。为了适应不同特性的试件,仪器设备常常有不同的量程。量程的设置和调整是试验过程中经常要进行的。量程的设置应满足国标以及设备技术条件的要求,同时兼顾试验方便。

量程设置大体可分成机械量程和电器电子量程两种设置。

(1)机械量程设置:常见的机械量程设置主要用于力学及质量试验设备,如压力试验机、万能试验机、天平、磅秤等。一般以更换不同的测力弹簧,测力摆砣、砝码来设置不同量程。

(2)电气电子量程设置:由于试验设备常以电信号进行控制,并且最终试验结果又常以某种电信号显示,所以电气电子量程设置较普遍,这其中又以电接点开关形式最常见。电接点开关由动触点、静触点组成。由开关的接通和断开去控制仪器设备的量程。例如低温冰箱用的电接点温度表,标养室用的电接点温度、湿度表,烘箱用的双金属片温度控制器等。调整和设置量程时只要按试验要求调整指针或旋钮到相应位置即可。

三、过 程 控 制

仪器设备调整零点、设置量程后就可以进行试验了。目前,混凝土试验仪器虽然已使用较高级的全自动电脑控制,但是,试验过程中操作人员仍起着十分关键的监视、控制和调节作用。要求操作人员一定要做到眼勤、手勤,随时观察试验过程中发生的变化并随时调节仪器设备,使试验按预定要求进行。

常见的控制与调节是机械式的。例如调节压力试验机、万能材料试验机的送油阀控制加荷速度。进行含气量测时一边打气一边注意气压表变化,直至气压达到额定值为止。类似这些控制过程,想控制到比较稳定的一个基本条件是试验进行的速度不能太快,否则操作人员来不及调节。仍以调节压力试验机送油阀为例,调节时切不可开得太大,而应先小量打开,否则,当发现加荷速度迅速上升时再关小送油阀已经来不及了,试件往往已被冲击破坏,有时还会引起设备故障。

还有不少试验是不必进行过程控制的,如混凝土搅拌、振动成型等。进行这类试验时,操作人员尽管不必随时调整仪器设备,但仍要注意观察。主要目的在于防止发生意外以便及时采取补救措施保证试验顺利进行。

另外,虽然仪器设备都有安全保护装置,但并不能保证万无一失。有一些故障是难以预料的,而且故障往往发生在试验过程中。这就要求操作人员在过程控制中还应留心仪器设备运行是否正常。例如是否有变形、断裂、脱落、位移、振动、发热、冒烟、异味、着火、渗漏等等。如果发现应立即采取果断措施停止试验,切断电源、火源、控制易燃、有毒物品扩散并及时报警。应当说很多故障的发生也是有一个过程的,不是突发的。这就要求操作人员在平时试验时经常地、仔细地观察,发现异常及时处理,避免更大的故障。

四、过 程 结 束

试验过程结束时,有一些必要的操作容易被忽视,常常给以后的试验造成麻烦,甚至使仪器设备损坏。

首先要恢复仪器设备的初步状态,即没有进行试验以前的状态。包括关闭电源、水源、气源;卸掉荷载,如气压、水压、油压;关闭送油阀、送水阀、送气阀;电气电子设备的转换开关、旋钮、按键开关均恢复初始状态;清理仪器设备,易锈部件涂防锈油。

这些操作除了为以后的试验做好准备以外,还有其他作用。

(1)使仪器设备的机械结构处在松弛状态,避免其在长期荷载下疲劳。例如压力机的油缸、抗渗仪的水箱等部件。

(2)避免在下次试验时仪器设备突然进入某个中间试验状态。如压力机送油阀没有关闭,当再次试验时,一按动起动按钮就会突然开始施加荷载,造成试验失败。

(3)防止有人错误操作。当切断电、水、气以后,仪器设备就无法起动。可有效防止非操作人员随意摆弄仪器设备造成不必要的损坏。

另外,如果在试验过程中突然遇到停电、停水、停气而造成非正常结束试验时,更要注意恢复初始状态。否则若操作人员离开现场后又恢复供电、供水、供气,设备自行起动,其后果就很难预料了。

还有一部分仪器设备仅仅恢复初始状态还不够,还有一些特殊工作要做。如酸度计的参比电极和甘汞电极在试验结束后应浸泡在蒸馏水内,否则电极将会损坏。类似这些特殊的要求,一定要按照仪器说明书介绍的方法去做。

第四节　维 护 技 术

仪器设备的使用和维护是相辅相成的。精心维护是为了顺利使用,而正确的使用又会使维修工作量大大减少,有利于提高试验工作效率,延长仪器设备寿命。根据仪器设备的不同特点,分为机械维护和电气电子维护。对一些既有机械又有电气电子部件的仪器设备,应将下面介绍的维护技术综合运用。

一、机械维护

（一）清洁

以混凝土试验设备为例，因混凝土试验设备整天和水泥、砂、石接触，试验过程中残留在设备上的水泥、混凝土如不及时清理掉，硬化以后非常难以处理。随着试验次数增多还会越积越厚，使正常试验无法进行。因此，清洁是混凝土试验仪器维护保养的首要任务。直接接触水泥、砂浆、混凝土的仪器设备如搅拌机、试模坍落度仪、维勃稠度仪、跳桌、试模等，使用后要清扫干净（必要时可用水冲洗）、擦净后在易锈部分涂一薄层机油防锈。接触砂、石、混凝土试件的设备，应清除掉灰尘和散落的料渣，尤其在螺纹和接触工作表面等处更要清理干净。例如压力试验机、万能试验机、抗渗仪等。

（二）润滑

润滑是机械设备的常规维护，主要目的是减少摩擦阻力，延长机件寿命，常用在各种轴承和有相对运动的接触表面等处。在需要润滑的地方常有加油孔、加油嘴、加油杯等，有些设备还有齿轮箱，这些都是要定期加油的。还有一些有相对运动的接触表面如压力机丝杠和上压板球座等处也要经常加油润滑，在负载较重且运动速度较低的部位用润滑油润滑。

另外，要特别注意的是，有一些机械是靠摩擦传递力矩或转矩的。如有些搅拌机上料机构的摩擦离合器就绝对不能加油。因此，在加油润滑以前必须清楚什么地方需要润滑，什么地方不需要润滑。

（三）更换或补充工作介质

有一部分仪器设备需要定期更换工作介质。如压力机、万能试验机要定期更换液压油，碳化仪要补充二氧化碳气等。新更换或补充的工作介质一定要符合该设备技术说明书中对工作介质的要求。更换或补充工作介质时特别注意管道接口、开关等部件一定要连接牢靠，不得有任何渗漏。对易燃、易爆、有毒物品更是如此。因为这直接关系到人员和设备的安全。

（四）紧固与密封

机械设备大量使用螺栓连接、锁紧、定位，因此，在经常活动和振动的部位难免有松动现象，应经常检查，发现松动的及时拧紧。有一些故障在停机时不易发现，这就需要平时试验过程中注意观察。实践经验表明，及时拧紧松动的螺栓可以防止很多严重故障的发生。另一方面，很多密封不良的问题也和密封部件没有压紧有关。如各种阀门、管道接头、轴封、油箱、油泵等等。这些部件也必须经常检查，发现渗漏要及时拧紧松动的密封件。

（五）调整间隙

有一些设备要求保持一定的工作间隙。如胶砂搅拌机、净浆搅拌机、混凝土搅拌机，因使用磨损和机件变形会引起间隙的变化。需要根据使用情况及时加以调整。

二、电气电子维护

（一）开关

开关是最常用的控制电器件。常用的有转换开关、按钮开关、拨动开关、限位开关等等。若试验设备工作环境很差，常使开关接触不良或卡死，造成控制失灵。可将开关外壳打开，用无水酒精擦拭干净，如发现有烧蚀现象，可用水砂纸轻轻打磨干净。拆装开关时，千万不要将线头弄错。限位开关在复位时一定要安装到原来的位置上。

(二)接触器

接触器(含继电器)触点接触不良的故障可按开关触点的修理办法处理。另一类毛病就是接触器电磁铁粘合。这种故障往往由于电磁铁断面的防锈油因日久积尘而发硬发粘,使得接触器控制线圈断电后,电磁铁仍然粘合在一块,造成触点打不开,设备失去控制能力。这种故障比较常见又相当危险,常使设备产生更大的故障。修理时只要拆下接触器,打开底盖,取出电磁铁铁芯,用无水酒精将铁芯断面彻底擦干净,晒干后再照原样复位。

(三)传感器和控制仪表

试验设备中常用的传感器是温度和压力两种。不管传感器的工作原理如何,它总要和被测物体有某种联系。例如温度传感器总要放在被测的环境中才能测出温度。因此,对安置在仪器设备内的传感器要特别注意保护,不要碰坏。同时为使传感器工作正常,在其附近不要放置试件或杂物。常用的控制仪表是电接点式温度表和压力表,这类仪表有的本身就是和传感器连成了一个整体。表内有一个动触点和一个以上可调静触点,靠动、静触点的接通与断开控制仪器设备的工作状态。长时间使用以后,触点会接触不良。修理时可拆开表的外壳,用水砂纸轻轻打磨触点,然后用万用表检查一下是否已修复,最后照原样复位。

(四)指示灯

许多设备都用指示灯显示各种工作状态,其中最常用的是交流6.3V的白炽指示灯。对于连续工作的指示灯,因灯泡寿命短,经常更换非常麻烦。比较简单的办法是更换时采用8~12V的灯泡,其目的是使灯泡在欠电压状态下工作,亮度降低一些但寿命可大大延长。

(五)绝缘

一些工作条件恶劣或经常移动的仪器设备,如振动台、搅拌机等,其控制开关、电源插头、电缆线的绝缘常常被磨损破坏。因此,除经常检查排除隐患外,还要采取必要的措施,如加保护套管、加装固定装置、防水装置等。

(六)连接件

不少电气电子仪器设备出现故障的原因常常是因为连接件的毛病。如插头松动、导线开焊、接线螺钉没拧紧等等。这类故障一般不难发现,靠眼睛看或手轻轻拨动相关部件就能迅速确定故障点。修复时,除了排除故障以外,还应判断一下故障发生的原因采取相应的措施。例如因振动而经常松动的插头,可以用胶布包一下就能有效地克服这个毛病。

应强调一点,上述电气电子设备的维护应由有合格操作证的电气工作人员进行,其他人员不能擅自维修,避免引起触电事故。

第五节 检验技术

根据国家有关部门的规定,必须由法定部门(计量单位)检定的计量器具主要有:

1.长度计量器具

卡尺、千分表、百分表、测角仪、直角尺、塞尺等。

2.热学计量器具

温度计、热电偶(温控器)、温度调节指示仪等。

3.力学计量器具

砝码、天平、秤、拉力试验机、压力试验机、弯曲试验机、万能材料试验机、抗折试验机、无损检测仪、振动台、量力环等。

4.时间计量器具

秒表、电子计时器等。

5.物理化学计量器具

酸度计、分光光度计、湿度计等。

6.标准物质

钢铁成分标准物质、建材成分分析标准物质。

上述计量器具均应按计量部门的要求定期送检,新购置的修理过的计量器具应随时送检,合格后方可使用。

对非标准仪器设备,应按相应的自检规程定期检验。自检规程应经过一定的确认程序。国家建筑工程质量检测中心制定了一些常用建材非标准仪器设备的自检规程。

(1)建筑用砂试验筛检验规程;

(2)建筑用石子试验筛检验规程;

(3)容重筒检验规程;

(4)比重计检验规程;

(5)水泥标准筛检验规程;

(6)净浆标准稠度与凝结时间测定仪检验规程;

(7)水泥试模检验规程;

(8)水泥胶砂搅拌机检验规程;

(9)水泥跳桌检验规程;

(10)水泥胶砂振动台检验规程;

(11)混凝土试模检验规程;

(12)坍落度筒及捣棒检验规程;

(13)维勃稠度仪检验规程;

(14)容量筒检验规程;

(15)集料及混凝土干燥箱检验规程;

(16)气压式含气量测定仪检验规程;

(17)试验室用混凝土搅拌机检验规程;

(18)混凝土成型用标准振动台检验规程;

(19)混凝土标准养护室检验规程。

自检时,应注意如下问题:

(1)认真阅读自检规程,掌握检验的方法、步骤,同时要弄清采用哪些计量器具以及检验时要求的环境条件。还要掌握如何处理检验数据,如何填写检验表格等。

(2)检验时所采用的计量器必须是由计量部门检定合格的并在有效期以内的器具。不得使用未经计量部门检定或超出有效期的器具。

(3)所有非标准仪器设备应制定自检周期(一般为半年),按时检验。对于新购置的或修理过的仪器设备应随时自检,不合格的不能使用。

(4)检验人员应由具备计量基本知识的专业人员担任,并应得到上一级技术主管部门的批准。

自检技术因被检仪器设备和所采用的标准计量器具的不同而有很大差别,但是自检技术中也有基本的共同点是普遍适应的。实际上自检的目的就是检测仪器设备真实的技术参数是否在规定的范围以内,以确保试验结果准确、可靠。为了达到这个目的,要把握住基本的一条就是被检仪器设备与标准计量仪器都应处于稳定的工作状态。使仪器设备达到稳定的工作状态应特别注意:

1.仪器设备必须完好

有的仪器设备出现某些故障后仍然在某种稳定的工作状态下进行,但这不是我们要求的稳定的工作状态。我们要求的是仪器设备完好状态下的稳定的工作状态。因为只有在这种稳定的工作状态下测得的技术参数才是真实的、完整的,所以仪器设备必须完好。

2.环境条件应满足要求

某些仪器设备和标准计量器具对环境条件有要求,如温度、湿度、风速、照明、气压等。环境条件会影响仪器设备的性能和技术参数,因此必须满足要求。

3.操作要正确

自检过程中要严格按照仪器设备的操作规程进行操作。对一些较复杂的仪器设备,为确保其在自检过程中准确无误地进入稳定的工作状态,可以预先操作一、二遍。对于容易引起系统检验误差的因素,如仪器设备的工作位置、角度、零点调整,电子仪器预热等尤其要注意。

综上所述,完好的设备在规定环境中正确地操作,就能达到稳定的工作状态。只有这样,自检结果才准确、可靠。

第六节　仪器设备的操作规程

仪器设备的操作规程应根据仪器设备的使用说明书进行拟定,并且必须张贴上墙。其拟定项目应根据实际情况而定,现将常规仪器设备的操作规程的拟定格式举例如下:

一、土工试验某些常用仪器设备的操作规程

TDJ—III 多功能电击实仪操作规程

1.范围

根据中华人民共和国交通部标准《公路土工试验规程》(JTJ 051—93)中击实试验 T 0131—93 标准而设计制造,即可做重型击实试验又可做轻型击实试验,是公路、建筑、科研单位理想的土工试验仪器(见图 4-1)。

2.主要技术参数

(1)击锤质量:重型 4.5kg

轻型 2.5kg

(2)击锤落高:重型 450

轻型 300

(3)击实筒规格:重型 ϕ152mm

轻型 ϕ100mm

(4)击实速度:32 次/min

3.仪器性能、操作与调整

主机必须固定在 500mm×450mm 混凝土基座上。

(1)检查主机运转方向

调整方法:

①打开主机护罩,链条旁有机器运转方向标示。

②按下启动按钮,电机能正常运转,即主机转向正确,如不能运转并发出嗡嗡声,表示主机转向错误,立即按动停止按钮,切断电源,调整电源进线相序,使之运转方向正确。

图 4-1 TDJ—III 多功能电击实仪

(2)试运转(ϕ152mm 试样)

①试样筒中装入试样把试样筒固定在机器上;

②设定击实次数;

③拔下旋转插销;

④关好主机护罩;

⑤转换按钮置于 152mm,按一下复位按钮,使计数器数字为零,按下启动按钮,开始程序击实。

4.维护与保养

仪器应放置在干燥、无粉尘的环境中,保证仪器的整洁,定期进行维护和保养,链条与齿轮每周进行一次保养清洗,提升机构与导轨及传动部分每班加少许 20 号机油使之润滑。如发生机械和电器故障,请不要随意拆卸,请专业人员进行检查。

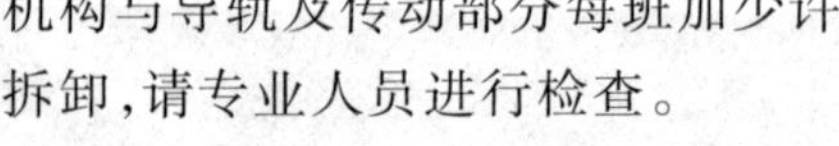

FG—III 型液塑限测定仪操作规程

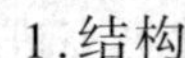

1.结构

FG—III 型液塑限测定仪包括:圆锥仪、光学投影、电磁控制三部分,见图 4-2。

2.主要技术参数

(1)圆锥仪总重　76g±0.2g 和 100g±0.2g

(2)圆锥角度　30℃

(3)测读入土深度　0~22mm

(4)读数精度　0.1mm,精确到 0.05mm

(5)圆锥下落至读数显示时间　0.5s

(6)电源　220V

(7)消耗功率　25W

3.使用与操作

(1)调节底脚,使工作面水平。

(2)接通电源,放上测试土样,再使电磁头吸住圆锥仪,使

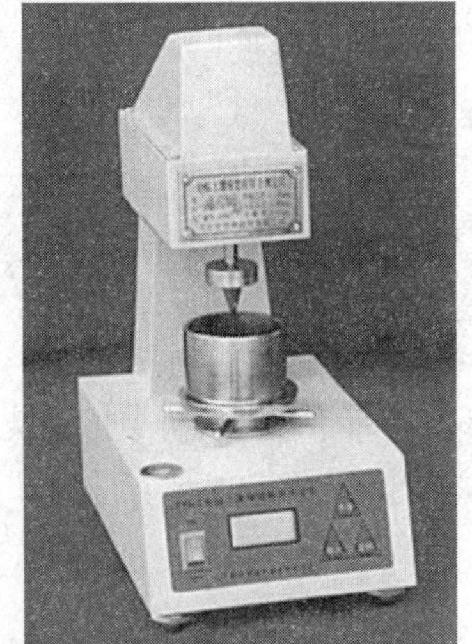

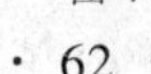

图 4-2 FG—III 型液塑限测定仪

微分尺垂直于光轴。

(3)调节投影物镜,使微分尺影像清晰,再调零线调节旋钮,使屏幕上的零线与微分尺的影像重合。

(4)转动平台升降螺母,当锥尖与土面接触,计时指示灯亮,圆锥仪即自由下落,延时5s,读数指示灯亮,即可读数。如要手动操作,可把开关扳向"手动"一侧,当锥尖与土面接触,而圆锥仪不下落,需按手动按钮,圆锥仪才自由下落。

(5)读数后,要按复位按钮,以便下次进行试验。

4.工作条件与注意事项

(1)环境周围不得有风吹,振动及强磁场,以免影响圆锥仪自由下落。相对湿度不大于85%。

(2)仪器使用后应放入箱内或盖好,置于阴凉、干燥、无腐蚀的地方。

(3)光学元件严禁用不干净、不柔软的物品擦抹镜面和微分尺,如有污秽、尘土,可用脱脂棉沾无水乙醇擦拭。

(4)检查圆锥锥损时,把圆锥仪倒插在检验座上,整个座放上平台,适当调节高度及检验座的前后、左右和角度,使圆锥影像与屏幕上的角度重合,这时,角度的两平衡线与圆锥的相应距离为0.3mm。

(5)如屏幕零线与微分尺零线影像不重合,可旋动调节旋钮,使其重合,如发现不重合,则旋动反射镜调节螺杆,使仪器内反射镜转动,即可平行。再转动调节旋钮使其重合。

(6)如圆锥仪入土中后,微分尺影像不清晰,或影像不在原来位置。这时可左右或前后移动圆锥与平衡杆的位置。

(7)如光源灯泡坏了,可逆时针旋动灯座调节螺母把灯座旋出,换上新灯泡再旋回原位置。

二、砂石试验某些常用仪器设备的操作规程

JYY—1型集料压碎值试验仪操作规程

1.概述

用于衡量集料在逐渐增加的荷载作用下抵抗压碎的能力。

2.仪器准备及主要技术参数

标准试筒　　内径(150mm ± 0.3mm) × 125 ~ 128mm

捣实棒　　ϕ16mm × 450 ~ 600mm 一端加工成半圆形

3.准备试样

(1)用于标准试验的集料应该完全通过20mm(16mm)的筛孔并全部停留在10mm(13.2mm)筛孔上。所筛的试样数量应该足够做多个试验。

(2)试验时,集料表面应该是干燥的,可以采用风干的材料。如果集料需要加热烘干,温度不应该超过110℃,烘干时间不要超过4h。试验前集料应冷却到室温。

(3)每次试验的集料数量应该是,按下节规定方法夯击后,集料在试筒中的深度恰为10cm。

(4)利用金属量筒可以方便地找到所需试样数量。将集料分三层装入量筒中,每次的数量

大致相同,每层都用捣实棒(半球面的一端)从大约5cm的高度自由下落夯击25次(击数需在集料表面均匀分布)最后用夯棒作为直刮刀将表面刮平。

(5)称取量筒中试样的重量,以后就用此相同数量的试样进行压碎试验。

4.试验步骤:见JTJ 052—2000

BH—10型全自动混合料搅拌机

1.用途

BH—10型全自动混合料搅拌机是制备沥青—砂石混合料或水泥—砂石混合料试样时必不可少的拌和机械。

2.主要技术指标

拌和容量: 10L

加热锅温度范围:室温~250℃

拌和时间: 1~999s

温度: -10~40℃

相对湿度: ≤80%

电源电压: 220(1±10%)V;

电流: 10A

3.使用方法

(1)仪器的安装:安装地面应有较好的基础,距墙及附近固定物应大于0.6m。安装时仪器应尽量水平。

(2)操作面板说明:操作面板分为三个独立部分,加热锅温度控制(左侧);搅拌器的升降控制(右侧);拌和时间控制(中部)。

(3)加热锅温度控制:根据工作需要由拨盘设定所需温度,并由控温表控制与显示温度。该部分有一旋钮,指示"工作"与"停止"位置。当混合料需要控温时,则旋到"工作"位置。当混合料不需要控温时,则旋到"停止"位置。这时加热器停止工作。

(4)拌和时间控制:根据规程要求,由预置键设定所需时间。工作时,按下"启动"按钮,搅拌电机开始转动,通过搅拌头驱动搅拌桨做公转与自转运动。到达设定时间后,电机自动停止。"清零"后方可进行下一次操作。当遇到紧急情况,可随时按下"急停"键,则搅拌器立即停止工作。

(5)搅拌器升降控制:在操作面板右侧,有"上升"、"下降"及"停止"按钮。当按下"上升"或"下降"按钮,则搅拌器自动升至最高或降至最低位置。搅拌器在运动过程中如遇紧急情况,可按下"急停"按钮,则搅拌器立即停止运动。

4.操作步骤

(1)准备工作:当接通电源后,各部即进入准备状态。首先根据规程或工作需要预置拌和时间和加热温度。控温部分的旋扭置于"工作"位置,则控温加热系统开始工作。约30min锅的内壁即可达到设定温度。这时机器即可开始工作。

(2)填料:按下操作面板右侧"上升"按钮,则搅拌头自动升到最高位置。这时将事预热好的混合料倒入锅中。

(3)拌和：按下“下降”按钮，则搅拌头自动降到最低位置，伸入锅内，按下面板中部的“启动”按钮，则搅拌桨开始搅拌。当搅拌至预置时间时，自动停机。“清零”后可进行下一次搅拌。在搅拌过程如遇到紧急情况，可按下“急停”按钮，则搅拌器立即停止工作。

(4)出料：按下“上升”钮，搅拌头升至最高位置，通过手把松开锁紧螺母，打开定位器，用手把锅翻转90°，用掏料勺将混合料掏出，通过滑板落入模具内，然后根据需要制备试样。

(5)清洗：当混合料的拌和与试样制备完毕后，切断电源，对机器进行清洗。特别是加热锅、滑板及搅拌桨上不得留有沥青残渣或污物。

5.维护与保养

(1)升降机构的丝杠及导向轴要经常涂抹润滑脂。

(2)搅拌器的减速箱应每年更换一次润滑油。

(3)面板仪表配有有机玻璃罩，长期不用时，应将其罩住，以防灰尘侵入。

(4)保护好露在外面的电线，不得使其受力，也不得被尖锐物刺伤或被重物砸伤。

6.注意事项

(1)当加热锅达到设定温度时，还要有一个温度过冲阶段。因为当加热器停止加热后，加热器本身的热量还要继续向加热锅传输，所以停止加热后，还有一个温度继续增加的阶段。

(2)检测控温系统时，加热锅内要放入一定数量的加热物，如石子、砂粒、水等物都可以，以便使加热锅表面的温度传输给加热物，减少温度过冲。否则加热锅内的温度要比预置温度高出很多，用户误认为控温系统有故障。

(3)温度误差：温控仪的传感器测温位置设在加热锅的外表，与加热锅中心位置加热物的温度有些误差，属正常现象，用户使用时以设定温度为准。

(4)使用前必须可靠接地。

(5)升降杆要经常擦润滑油脂，每班至少一次。

三、水泥试验某些常用仪器设备的操作规程

NJ—160A型水泥净浆搅拌机操作规程

1.用途和范围

NJ—160A型水泥净浆搅拌机是贯彻GB 1346—89所规定的专用设备之一，是按GB 3350.8—89主要技术参数制造的新型双转双速净浆搅拌机(见图4-3)。供测定水泥标准稠度、凝结时间及制作安定性试块用。

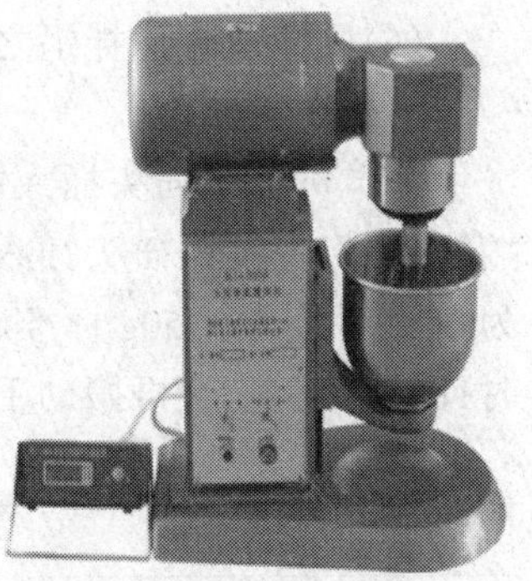
图4-3　NJ—160A型水泥净浆搅拌机

2.主要技术参数

(1)搅拌叶片转数及时间见表4-1。

(2)搅拌叶与搅拌锅之间的工作间隙为2mm±1mm。

3.操作及使用

先把三位(1K、2K)开关都置于停，再将时间程控器插头插入面板的“程控”输入插座，然后方可接通电源。

(1)自动搅拌操作：把1K开关置于自动位置，即完成慢搅

120s、停 10s 后报警 5s 共停 15s、快搅 120s 的动作，然后自动停止。当一次自动程序结束后，若将 1K 开关置于停，再将 1K 开关置于自动位置又开始执行下一次自动程序。

搅拌叶片转数及时间 表 4-1

搅拌速度	自转（r/min）	公转（r/min）	一次自动控制程序时间（s）
慢	62 ± 5	140 ± 5	120 ± 3
停			15
快	125 ± 10	285 ± 10	120 ± 3

注意：每次自动程序结束后，必须将 1K 开关置于停，以防停电后程控器误操作。

(2)手动搅拌操作：把 1K 开关置于手动位置，再将三位开关 2K 置于慢、停、快、停，则分别完成各个动作，人工计时。

(3)搬动手柄可使滑板带动搅拌锅沿立柱的导轨上下移动。

4.调整与保养

(1)调整：本机出厂前已将搅拌叶与搅拌锅之间的工作间隙调整到 3mm ± 1mm。搅拌叶与搅拌锅之间的工作间隙的调整，可松开调节螺母转动叶片使之上下移动到正确间隙后，再旋紧调节螺母即可。间隙用随机的检测杆进行测量。

(2)保养：应保持工作场地清洁，每次使用后应彻底清除搅拌叶与搅拌锅内、外残余砂浆，并清扫散落和飞溅在机器上的砂浆及脏污物，擦干后，套上护罩，防止灰尘。

JJ—5 型行星式水泥胶砂搅拌机操作规程

1.用途及范围

JJ—5 型水泥胶砂搅拌机是我国执行国际强度试验方法（ISO 679—1989(E)）的统一标准设备（见图 4-4）。

2.主要规格及参数

(1)搅拌叶转数（见表 4-2）

(2)搅拌叶宽度　　135mm

(3)搅拌容积　　5L

(4)搅拌叶运动轨迹　　同 ISO 679—1989(E)

(5)搅拌叶与搅拌锅之间的工作间隙　　3mm ± 1mm

3.操作与使用

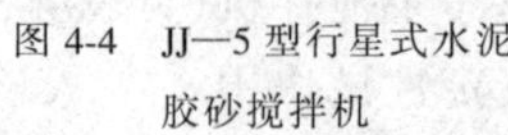

图 4-4　JJ—5 型行星式水泥胶砂搅拌机

将本机电源插头插入电源插座，红色指示灯亮，表示电源已接通，再将程控器插头插入本机程控器插座，程控器数码管显示为 0，砂罐装入 1350g 标准砂，搅拌锅内装入水 225g，水泥 450g，将搅拌锅装入支座定位孔中，顺时针转动至锁紧，再搬动手柄使搅拌锅向上移动处于搅拌工作定位位置。

搅拌叶转数 表 4-2

速度挡	自转 r/min	公转 r/min
低速	140 ± 5	62 ± 5
高速	285 ± 10	125 ± 10

4.调整与保养

(1)调整

本机出厂前已将搅拌叶与搅拌锅之间的工作间隙调整到3mm±1mm。搅拌叶与搅拌锅之间的工作间隙的调整,可松开调节螺母转动叶片使之上下移动到正确间隙后,再旋紧调节螺母即可。间隙用随机的检测杆进行测量。

(2)保养

①应保持工作场地清洁,每次使用后应彻底清除搅拌叶与搅拌锅内、外残余砂浆,并清扫散落和飞溅在机器上的砂浆及脏污物,擦干后,套上护罩,防止灰尘。

②本机无外部加油孔。传动箱内蜗轮付,齿轮付及轴承等运动部件每季加黄油一次,加油时,打开传动箱盖即可,支座与立柱导轨之间、升降机构之间应经常滴入机油润滑,每年保养一次,将本机全部清洗并注润滑油和润滑脂。

③机器运转时遇有金属撞击噪声,应首先检查搅拌叶与搅拌锅之间的工作间隙是否正常。

④使用搅拌锅时,要轻拿轻放,不可随意碰撞,以免造成搅拌锅变形。

⑤应经常检查电气绝缘情况,在温度20℃±5℃、相对湿度50%~70%时,冷态绝缘电阻应不小于5MΩ。

ZT96型胶砂试件成型振实台操作规程

1.用途

本仪器是用于按ISO 679—1989水泥强度试验方法测定水泥胶砂强度的专用设备(见图4-5),其结构性能符合JC/T 682—1997的要求。

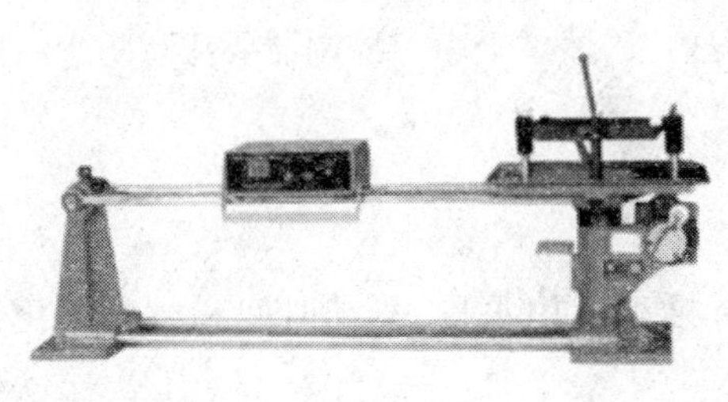

a)

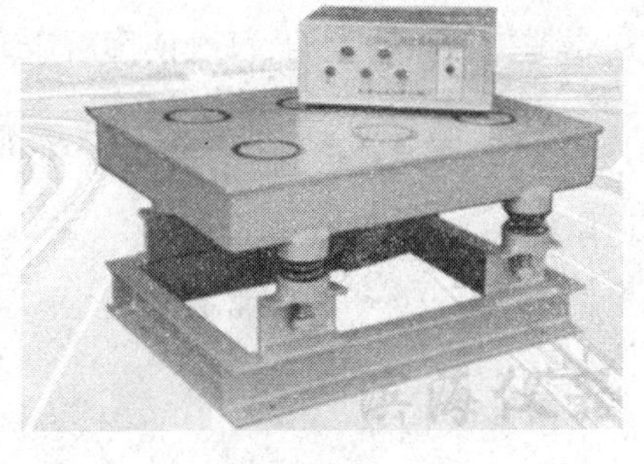

b)

图4-5 ZT96型胶砂试件成型振实台

2.主要技术参数

振幅　15mm±0.3mm

振动频率　60次/(60s±1s)

3.安装

(1)拆箱前后将主机和控制箱清扫干净。

(2)主机应安装在高度约400mm,容积0.25m^3,重度约2500kg/m^{3}的混凝土基座上,并用地脚螺栓固定,在振实台与基座接触处铺上一层胶砂以使其达到完全接触。

(3)安装后台盘与臂杆应成水平状态,在调整水平时应将突头的护套取下,使凸头与止动器完全接触。

(4)如果周围有其他振源时,应在混凝土基座与地面之间垫上一层5mm的厚的胶皮。

(5)当基座混凝土硬化后(一般为7d),拧紧地脚螺栓,并注意继续保持水平状态。

注意:在整个安装过程中,不能把臂杆直立起来,以免出现危险。

4.试机和注意事项

(1)试机前的准备:

①将突头的护套取下,检查台盘下面的计数用插片,该片应在振动时自由地插入两个红外线计数管的中间,不能碰擦两边的红外线计数管。

②连接控制器与主机之间的电缆。

(2)试机

①抬起台盘,使凸轮转动,不触及随动轮。

②按下控制器的启动开关,检查凸轮转动方向是否正确,若无问题,放下台盘,台盘即开始上下跳动。

③每振动60次后,自动停机,控制器显示屏显示振动次数。

④参数检查:用标准块检查振幅。将15mm的标准块放在凸头和止动器之间,凸轮能自由转动,不触及随动轮;将14.7mm的标准块放在凸头和止动器之间时,凸轮转动会碰到随动轮即为合格。

⑤用秒表检查振动60次所需的时间。

5.注意事项

计数用的红外线计数管在运输过程中有时会被损坏,故在验收时应十分注意保护。

6.设备保养

注意保持仪器的整洁,每次使用后应及时清理水泥砂浆,擦拭干净。控制器要注意防尘防潮。

标准维卡仪操作规程

1.用途

根据ISO 9597—1989规定制造,用于测试水泥标准稠度用水量、凝结时间和游离氧化钙造成的体积安定性。

2.主要技术规格

滑动部分总质量　　300g ± 1g

滑动部分最大行程　70mm

3.构造及性能

标准稠度测定用试杆有效长度为50mm ± 1mm,直径为ϕ10mm ± 0.5mm,测定凝结时间用试针有效长度,初凝针为50mm ± 1mm,终凝针为30mm ± 1mm,直径为ϕ1.13mm ± 0.05mm,盛装水泥用的圆锥试模深度为40mm ± 0.02mm,顶内径ϕ65mm ± 0.3mm,底内径ϕ75mm ± 0.5mm,配备一个大于试模,厚度大于2.5mm的平板玻璃底板。滑动部分在维卡仪支架孔中能靠重力自由下落,不得有紧涩、松动现象。

4.使用与维护

(1)使用前需将滑动部分注入少许润滑油,并检查是否能上下自由滑动。

(2)标准稠度的测定:将拌制好的水泥净浆装入已置于玻璃底板上的试模中,用小刀插捣,轻轻振动次数,刮去多余净浆,抹平后迅速将试模和底板移到维卡仪上,并将其中心定在试杆下,降低试杆直至于水泥浆表面接触,拧紧螺丝后,突然放松,使试杆垂直自由地沉入净浆中。在试杆停止或释放30s时记录试杆距底板之间的距离。升起试杆立即擦净。整个操作应在搅拌后1.5min内完成。以试针沉入净浆并以距离底板6mm±1mm的水泥净浆为标准稠度净浆。其拌和水量为该水泥的标准稠度用水量(P),按水泥质量百分比计。

(3)初凝时间的测定:试件在湿气养护箱中养护至加水后30min时进行第一次测定。测定时从湿气养护箱中取出圆模放到试针下,降低试针于水泥浆表面接触,拧紧螺丝后,突然放松,使试针垂直自由地沉入净浆中。观察试针停止下沉或释放30s时的指针的读数。当试针沉至距离底板4mm±1mm时,为水泥达到初凝状态,由水泥全部加入水中至初凝状态的时间,用min来表示。

(4)终凝时间的测定:为了准确观测试针沉入的状况,在终凝针上安装了一个环形附件。在完成初凝时间测定后,立即将试模连同浆体以平移的方法从玻璃板取下翻转180°,直径大端向上,小端向下放在玻璃板上,在湿气养护箱中继续养护,临近终凝时间每隔15min测一次,当试针沉入试体深度0.5mm时,即环形附件开始不能在试体上留下痕迹时,为水泥达到终凝状态,由水泥全部加入水中至终凝状态的时间,用min来表示。

5.注意事项

在最初测定的操作时应轻轻扶持金属柱。使其徐徐下降以防试针撞弯,但结果以自由下落为准,在整个测试过程中试针沉入的位置至少要距试模内壁10mm,临近初凝时间每隔5min测定一次,临近终凝时间每隔5min测定一次,到达初凝或终凝时应立即重复测一次,当两次结论相同时才能达到初凝或终凝状态。每次测定不能让试针落入原针孔,每次测定完毕须将试针擦拭干净并将试模放回湿气养护箱内,整个测试过程要防止试模受振。

ZBSX—92型振击式标准摇筛机操作规程

1.适用范围:

适用于轻重工业、地质冶金、化工建材、煤炭矿山、砂轮陶瓷、医药科研等行业的化验室、试验室,是对物料颗粒分级筛选的理想设备(见图4-6)。

2.主要技术参数:

配用筛具 ϕ300mm

摆动次数 227次/min

摆幅 25mm

振击次数 148次/min

振幅 8mm

配动功率 550W

电压 220V

3.使用说明

在安放分样套筛时,应按照筛孔大小顺序选放,孔径大的在上,孔径小的在下。

图4-6 ZBSX—92型振击式标准摇筛机

开车前需加油 5kg,接上电源,信号灯亮。把定时器手柄按顺时针方向旋到所需工作时间,定时器开始计时,立即按下绿色按钮,接触器吸合,电机工作。待定时器手柄逐渐回复到 OFF 位置时,自动停止工作。不需要自动控制时,把定时器手柄按逆时针方向旋到 ON 位置,按下绿色按钮即可工作。中途停止,只要按下红色按钮。

4.安装保养

该机需用地脚螺栓固定后方可使用,流动使用须有相对稳固的机座安装。使用后应保持机身清洁,不用时应加防尘罩。

四、水泥混凝土试验某些常用仪器设备的操作规程

HZJ—A 混凝土振动台操作规程

1.适用范围

本仪器适用于试验室现场工地做试件成型和预制构件厂振实各种板、柱、梁等混凝土构件振实成型。

2.主要技术参数

台面尺寸　800mm × 800mm

振动频率　5860 次/min

振幅　0.3 ~ 0.6mm

最大载重　200kg

3.安装使用与维修

(1)振动台安装前应先打好基础,打基础时上平面要按水平找平,并按底架螺栓孔埋好固定螺栓,然后安装,安装时固定螺栓必须拧紧。

(2)振动台安装完毕试车时,先开车 3 ~ 5min 后停车对所有紧固螺栓进行检查,若松动须拧紧后方可使用。

(3)振动台在振实过程中,混凝土制品应须牢固的紧固在振动台面上,所需振实的制品放置要于台面相对称,使负荷平衡、振实制品的紧固装置,用户可根据自己的需要自行设计配制。

(4)振动器轴承应经常检查、并定期拆洗、更换润滑油,使轴承保持良好的润滑。延长振动器的使用寿命。

(5)振动台应可靠接地线,确保安全。

YHK—03 型混凝土快速养护箱操作规程

1.用途

适用于建筑工地,科研等单位的试验室,通过对混凝土试件的快速养护测定它的早期强度,并推定 28d 的混凝土强度。

2.主要技术数据(见表 4-3)

3.操作程序

(1)准备阶段:首先把箱体放平稳,接上地线,然后往水箱和水封槽里按水位标记线装水,

若无漏水或其他损坏现象再把箱盖轻轻盖好。

主要技术数据　　表 4-3

序号	项　目	单位	数　据	备　注
1	水箱容积(长×宽×高)	mm	800×600×450	
2	控温范围	℃	常温～100	
3	加热器功率	kW	10	2 支 3kW,1 支 4kW
4	放最多试件	块	12	150mm×150mm×150mm

(2)工作阶段:接上电源将控温仪调到所需温度,然后打开总开关,这时控温仪上的白灯显示,表示一支加热器工作。为了缩短升温时间,可将另外两支加热器按钮打开,这时绿灯显示,表示三支加热器同时工作。当水箱内的水温达到所控制温度时,白灯和绿灯自熄,同时控温仪上的红灯显示,表示三支加热器全部停止工作。当水箱内的水温低于所控制温度时,一支加热自动接通,白灯显示。另外,两支加热器可按需要使用。一般到恒温阶段,只用一支加热器工作即可,恒温 10～15min 后,关闭总开关,把试件放入水中,将箱盖扣好,用上述方法继续加热,当温度恢复后,把时间继电器调到需要时间,把定时按钮打开,这时绿灯显示,开始进行恒温养护,到所规定时间,电铃长鸣表示时间已到。

(3)终结阶段:养护完毕,将试件取出,若不再使用,把水箱内的水从水阀排掉。

4.安全注意事项及保养

(1)一定要接上地线。

(2)取放试件时,一定要先关闭总开关。

(3)经常检查加热器,感温探头及水阀紧固处的密封胶垫是否有损坏。

(4)关闭总开关后,拨动温度选择盘。

(5)使用后及时切断电源,如果不连续使用,把水排掉。

(6)用沸煮法时,连续工作时间应小于 8h;热水法应小于 15h;温水法应小于 25h。

(7)打开水箱盖时,操作者应位于水箱一侧。

(8)调整时间继电器时,务必把开关关闭后调整。

TCS—1 型全数显混凝土拌和物维勃稠度仪操作规程

1.用途

主要用于测定混凝土拌和物维勃稠度的测定,它以拌和物振实时间(s)的长短来确定混凝土拌和物的稠度值。适用于骨料最大粒径不大于 40mm、维勃稠度在 5～10s 之间的混凝土拌和物稠度测定。

2.主要技术参数

(1)坍落度筒:　　顶部内径　100mm±2mm

　　底部内径　200mm±2mm

　　筒高　300mm±2mm

(2)容器:　　内径　240mm±5mm

　　内高　200mm±2mm

(3)振动频率:　　3000 次/min±200 次/min

(4)振动台振幅:　　　0.5mm±0.10mm

(5)电动机功率:　　　250W

(6)计时范围:　　　0.1~99.9s

3.操作和使用方法

(1)用湿布把容器、坍落度筒、喂料斗均用湿布抹匀,使其湿润。

(2)将喂料斗提到坍落度筒上方扣紧、校正容器位置,使中心与喂料斗中心重合,然后拧紧固定螺丝,蝶形螺母。

(3)把按要求取得的混凝土试样用小铲分三层经喂料斗均匀装入筒内,装料及插捣方法按标准进行。

(4)把喂料斗提起转离,垂直的提起坍落度筒,此时注意不使混凝土产生横向扭动。

(5)把透明圆盘转到混凝土圆台顶面,放松紧固螺钉降下圆盘,使其轻轻接触到混凝土顶面。

(6)拧紧紧固螺钉并检查紧固螺钉,是否已经完全松开。

(7)接通电源开关若显示不为零,按下启动按钮(ON键)后即自动清零,且与振动台同时工作,自动计时、当振动到透明圆盘的底部被水泥浆布满的瞬间,关闭启动按钮工作结束,显示值所读出的时间,即为该混凝土拌和物维勃稠度值。

4.维护与保养

(1)每次使用完毕,应及时清除工作中溢出的水泥浆等物,以免腐蚀各活动表面,保持其活动灵活,动作准确。

(2)班前检查振动器两端振子前的锁紧螺母及开口锁是否松动。

(3)由透明圆盘配重测杆组成的加重为2.75kg±0.05kg,应检查是否在范围内如低于此范围时应及时修正,修正办法应在两配重间加一铅片至要求的标准质量。

(4)每次用毕应及时断电,以确保安全。

(5)正常使用时,每年清洗振动器,电机两轴承、更换保养钙基润滑油。

(6)振动台上平面与下底座平行度超过1mm时应及时调整,调整时可在弹簧橡胶碗下垫一适当铁板。

五、沥青及其混合料试验某些常用仪器设备的操作规程

LT—236型数控马歇尔电动击实仪

1.用途

是沥青混合料马歇尔试验中试样成型的专用仪器(见图4-7)。

2.主要技术参数

击实锤重　　4536g±9g

落锤高度　　457.2mm±1.5mm

锤击次数　　60次/min±5次/min

试模筒直径　　ϕ101.6mm

3.安装与调试

仪器需要固定在混凝土地基上。安装时只需将仪器底座用地脚固定在地基上即可。螺栓、螺纹部分应露出地基表面30mm,然后进行仪器调整与操作调整。

注意:要用仪器找水平。

4.电器控制部分

电器控制采用数控柜控制,开机前检查电源是否连接好及数控柜各按键位置,使之处于复位停机位置,接通电源,先按所需击的锤数置数,置数完毕后,按启动开关,这时仪器正常工作,若在工作中遇到需要停止工作时,按下暂停键,当放开暂停键时仪器应延续原设定的数字,顺序进行工作直到数码管显示为零,仪器自动停止。此时完成了设定的工作程序。

图4-7　LT—236型数控马歇尔电动击实仪

5.注意事项

(1)电源必须为三相四线,即三根火线一根零线。

(2)电源接通后若出现反转现象,调换一下火线即可。

(3)若试机中数字不随工作而变化,须进行查看,检查接近开关的距离是否过大,如过大可自行调整。

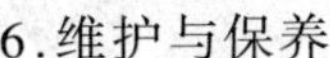

6.维护与保养

(1)注意保持仪器的清洁。

(2)经常注意在链条部分加少许机油,以保证链条的灵活。

(3)使用一段时间后,若发现链条较松时,可进行调整。调整时只需使链条拉紧螺钉即可。

LMS—1型电脑马歇尔稳定度试验仪操作规程

1.用途

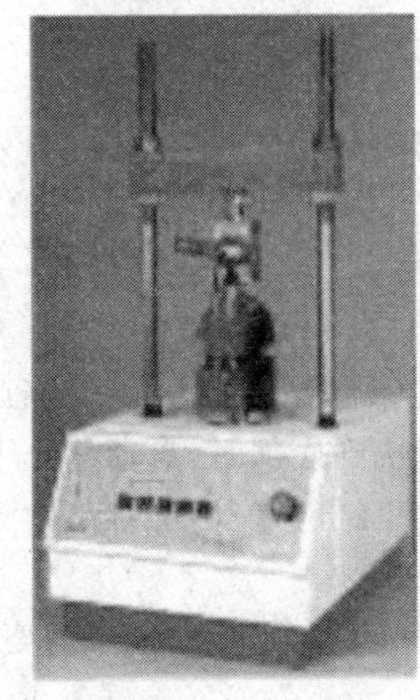

图4-8　LMS—1型电脑马歇尔稳定度试验仪

LMS—1型电脑马歇尔稳定度试验仪是按《公路工程沥青及沥青混合料试验》(JTJ 052—2000)生产,本试验仪可对含有石油沥青或煤沥青及最大粒径为25.4mm的粒料,尺寸为ϕ101.6×63.5mm的沥青混合料圆柱形试件进行测试(见图4-8)。也可以对ϕ152.4×95.2mm的试件进行试验。

2.主要技术指标

升降速率:　50mm/min±5mm/min

数显位移传感器量程:0~25mm;　精度:0.04mm

压力传感器量程:　0~50kN;　精度:0.05%FS

3.安装与操作

(1)安装

①系统在经过开箱检查无误后,将试件压头取出放置于升降平台上,必须对正放平。另将压力传感器、位移传感器按图安装。

②压力传感器、位移传感器及控制线的插头与数显仪一一对接。

③在接通电源前，务必将主机及数显仪可靠接地。

④将主机电源插头插到380V交流电源上，数显仪的电源插头插到220V交流电源上。

⑤打开电源传感器电源开关，无电池或电池无电，请更换ϕ11.5mm的电池。

⑥打开数显仪的电源开关，数显窗将会有显示。如此时上升平台没停在下限位置，按【卸载】键（按着不动）将它下降到下限位置。

(2)操作

①功能键的作用

【加载】按下时电机上升加载，面板上加载指示灯亮，松开则停（点动上升功能，调试试件高度）。

【卸载】按下时电机上升卸载，面板上卸载指示灯亮，松开则停，当电机下降至底部，即松开按钮（点动下降功能）。

【清零】将当前的位移和压力清零。

【存储】a.在监控状态下，调出原试验记录显示，重复一次，序号 n 减少一个，即记录前移一个。

b.在试验结束后，保存试验结果到记录中。

c.标定状态下，存储标定操作结果。

【标定】对压力系统进行标定。

【运行】将位移和压力清零后，自动进行马歇尔稳定度试验。

②功能的使用方法

开机和复位后进入监控状态

a.位移和荷载清零：监控状态下按【清零】

b.清除保存记录：

(a)在监控状态下，按住【存储】键

(b)按下【清零】键

(c)松开【存储】键

③显示记录

在监控状态下，按【存储】键，轮换显示最后一次测试记录：显示序号1s后，然后转到显示流值和稳定度循环。

(3)具体试验操作步骤

①按【清零】键，将位移和压力清零（注：清零时仪表显示会熄灭2s，这是正常的）

②按【运行】键，自动启动电机，上升和加载，试验开始。加载时记录位移和压力曲线，当压力达到峰值时，自动停止加载。约5s后，又自动启动电机下降。下降快到底部时，自动停止下降，在加载的过程中显示位移和压力值，当加载结束后自动显示流值和稳定度，显示时小数点闪烁用以提示测试结束。

③按【存储】键，保存记录，并选择序号，再按【清零】键或【复位】键，保存，退出。若不需要，直接按【清零】键，该记录不再保存。

④试验完毕，如需做下一个试验，重复以上步骤。

⑤整个试验做完后，关机断电。

4.注意事项

(1)确保在空载的情况下,将压力传感器清零。

(2)由于系统载荷显示精度取决于校准系数,因此平时不要进入标定状态操作,以免改变了系数导致载荷显示误差,当误操作进入标定时,按【复位】键退出。

(3)系统应定期标定,当出现明显误差时也应当进行标定。

(4)不要频繁开关仪表,以免冲击导致保存的校准系数出错,影响显示精度。

(5)任何情况下,按【复位】键,则返回监控状态。

(6)从试件取出至测定终止时间,不超过30s,(从水槽中取出试样放在压头上时,建议用一张报纸,包在试样上,防散热过快,也防止试件粘在试模上)

(7)使用时不得超过位移和荷重传感器量程使用,以防损坏,但可随用户要求增加量程。

(8)开机前确保电源接地,要防止因电源相序不正确而导致电机反转;如反转,则将电源插头换相接好。

(9)电机启动前,一定要取下摇把,以免摇把飞出发生事故。

(10)如果数显仪键盘不起作用,可打开机箱检查面板电线是否接好。

(11)数显仪接通电源后,如数显仪显示器上显示数据无变化,检查传感器插头及数显仪背板上插座(用万用表量测空插头各引脚通否)。

(12)如数显仪不显示,则检查保险丝及电源。

(13)试验时,首先点动加载使试件与荷重传感器相接触,待其他工作做完,再按运行键进入全自动操作状态。

(14)仪器不使用时必须先关掉电源开关,再拔掉电源插头。

(15)如不按操作规程操作,损坏仪器,责任自负。

SYA—3536石油产品闪点和燃点试验器操作规程

1.用途

本仪器适用于GB/T 3536—83(91)《石油产品闪点和燃点测定法(克利夫兰开口杯)》,测定除燃料油和开口点低于79℃的产品以外的一切石油产品闪点和燃点,也适用于国际标准ISO 2592—1973《石油产品闪点和燃点测定法(克利夫兰开口杯)》(见图4-9)。

2.主要设备

(1)克利夫兰油杯:材料黄铜,内径63.5mm±0.5mm,内壁离杯口9.5mm±0.5mm处有一道刻线,油杯表面光亮。

(2)点火器:由进器管、气流调节阀和火焰比较球组成,喷口直径0.6~0.8mm,按照试验方法规定,可把火焰调节成4mm球形火焰。

(3)电炉:由220V—400W片状加热器和电炉体组成,根据使用要求,通过电炉加热调节器控制升温速度。

(4)温度计:-6~400℃,精度为2℃,技术要求符合GB/T 3536—83(91)《石油产品试验用液体温度计技术条件》的规定。

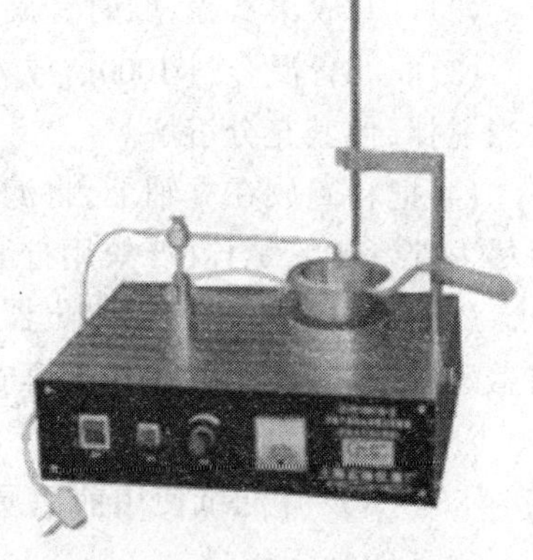

图4-9 SYA—3536石油产品闪点和燃点试验器

3.使用说明

(1)本仪器应按照 GB/T 3536—83(91)《石油产品闪点和燃点测定法(克利夫兰开口杯)》的规定使用。

(2)将试油倒入克利夫兰油杯,满至刻线,把油杯放在电炉上,调节好点火装置和温度计的高度,并调节好火焰的大小,做好一切准备工作。

(3)按下电源开关,接通电源,指示灯亮,电炉加热开始,按照 GB/T 3536—83(91)的规定,由电位器控制升温速度,在预期闪点前 28℃ 时,按自锁按钮开关,点火杆扫划油杯口,如未出现闪点现象,试样升温 2℃后再按自锁按钮开关,点火杆相反方向扫划,每次通过扫划试火焰的时间 1s。在油面上任何一点出现闪火时,记录温度计上的温度作为闪点。试验结束后,做好清洁工作,并切断电源。

4.注意事项

(1)清楚地观察闪火,试验时尽可能选择避风和光线较暗的地点。

(2)电源通电加热电炉时,注意电器元件的安全进行防护。

SLF—400 型数控沥青混合料快速分离机操作规程

1.适用范围

适用于道路工程的施工监理和施工过程中对沥青混合料级配及沥青含量的测定。

2.操作说明

打开电源开关,三位数码显示 000,表示机器正常,按一下启动按钮,分离机开始工作,工作过程为低速 20s—中速 20s—合计 40s—高速合计 120s 自动停机,待机停稳重复上述操作。

3.主要技术参数

转速　　1300～3000r/min

功率　　750W

电压　　220V

4.使用方法

(1)取环形滤纸 2 张,置 100～110℃烘箱中烘干称重并记录。

(2)打开收集器盖,顺时针旋松锁紧螺栓,取下料碗盖,将料碗清理干净。

(3)取沥青混合料 1000g,放入容器中,用三氯乙烯溶剂 200～300mL,浸泡约 1h,用玻璃棒适当搅拌,使其充分溶解。

(4)把料碗放在立轴上,将滤纸置于料碗和其盖之间(注意要滤纸与料碗外径对齐)。再用手尽力拧紧锁紧螺栓(严禁用拧紧工具)然后锁紧收集器盖上的丝锁(检查是否松动)。

(5)分离完成后,旋开收集器盖,松下锁紧螺栓,将料碗及料碗盖轻取下来,置清洁平台上,将盖、滤纸和料碗中的矿料清理在一个干燥容器内,切记不要遗失任何样品。

注意:①称重准确为 0.1g。

②2 片滤纸使用前后质量之差,加工分离出的矿料和原试样质量之差。即为被分离出来的沥青质量。

5.注意事项及保养

(1)滤纸不得重复使用,以保证测试精度。

(2)使用前应检查离心机转动是否正常,主机摆动是否平稳,收集器上的锁紧螺栓是否牢靠,在认真阅读说明书后方可操作。

(3)试验完毕后,不许先切断电源,然后将收集器擦洗干净。料碗及料碗盖轻轻放入立栓,主机一并存放干燥处,妥善保管。

(4)该仪器设有自动保护装置及过热自动停机,如遇这种情况,待温度下降后恢复正常。

DZR—94 型电脑数控沥青自动针入度仪操作规程

1.使用范围

测定道路石油沥青,液体石油沥青蒸馏或乳化沥青蒸发后残留物的针入度(见图4-10)。

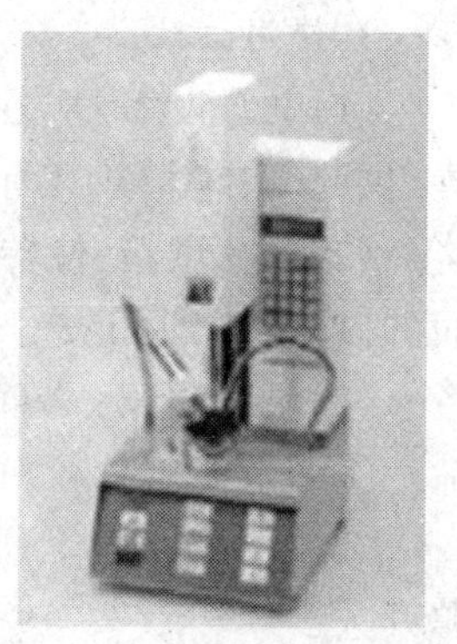

图 4-10　DZR—94 型电脑数控沥青自动针入度仪

2.主要技术参数

标准针入针杆合重为	100g ± 0.005g。
盛样皿内	55mm ± 1mm,深 35mm ± 1mm
针入的最大深度	40mm
针入的移精度	0.01mm
温度显示	0.1℃

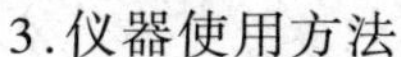

3.仪器使用方法

(1)将预先脱水的试样加热融化,加强温度不高于试样估计软化点90℃,时间不得多于 30min 充分搅拌,过筛后盛样皿内。其深度至少应超过预期针入度值约 10mm,放置于 15 ~ 30℃的室温冷却 1h,冷却时应注意不应有灰尘落入。

(2)将盛样皿浸满清水的水槽中,保温 1 ~ 1.5h,水温保持 25℃ ± 5℃,水面应高于试样表面 10mm 以上。在保温过程中应将对针聚光灯关掉,延长使用。

(3)调整针入度仪,使之水平,调节针杆和配重砝码,松开悬臂的止紧螺丝,使之悬臂下落,使针尖与试样大约接触时,上紧悬臂螺母,然后细调工作台,使试样表面与针尖恰好接触为止,同时打数显表,置于最高端,复零时将针杆顶端数显表的底面触头接触好。

(4)将电源开关打开时间数显为零,按一下启动按钮,电脑显示时间同时释放针杆,标准针自由穿入试样中,当达到规定的时间 5s 后,电脑时间停显,将其针杆销紧使其针杆不再下落,用手拉下数显表底触点与其针杆顶端面接触,此时,显示值即为该试样的针入度值。

(5)同一试样重复试验至少三次,每次针入点有相互距离及盛样皿边缘的距离都不得少于10mm,各次试验结果的平均值即为此试样的结果。

(6)每次试验前都应检查并调节保温皿内的水温,试验后,都应将标准针取下用浸有溶剂的棉花或布拭净,再用棉花或布擦干。

(7)仪器数显表头应十分注意防潮长期使用后,如果发现数显不清,可拧松盖上的四只螺丝换上同规格的电池即可,其他部件不得随意打开,以免损坏。

4.注意事项

(1)每次试验完毕,应将仪器各部擦洗干净、放在通风干燥地方。

(2)仪器上部件若有遗失或损坏时,可与生产厂家联系修配。

82型沥青薄膜烘箱操作规程

1.用途和性能

适用于测定热和空气对粘稠沥青的影响。

本烘箱在使用温度(50~200℃)范围内,可以任意选定工作温度,选定后箱内自动控制系统使温度恒温作粘稠沥青在恒温环境下的物化测定(见图4-11)。

图4-11 82型沥青薄膜烘箱

2.主要技术规格见表4-4。

3.使用方法

(1)电源设备:应在供电线路中装有超负荷的保险装置、供此箱专用,并具有良好的接地装置。

(2)校平烘箱:使转盘在水平面上旋转,旋转时与水平面的倾角不得大于3°。

(3)温度调正:

①装上温度计校对电接点温度计至所需温度163℃。

②关闭配电盘上所有开关,将电源插头插上,打开电源开关。

主要技术规格 表4-4

名称	单位	规格	名称	单位	规格
额定功率	kW	2.5%±5%	方式		连续自控
电压	V	220	功率	kW	3×0.8
频率	Hz	50	温差	℃	±3
相数		单相	试品转盘:		
加热器:			转速	r/min	5.5
数量	组	1	电机功率	kW	0.06

③将3段转换开关指向1的位置,待整个工作室温度上升至所需温度时应检查工作温度计读数,通过调整电接点温度计触点来获得工作室的正确温度。粗略估计163℃恒温功率为1300W,这时应把3段转换开关指向2/3处(1600W)待整个工作室在电接点温度计控制下,恒温15min,即可进行沥青薄膜测定。

(4)将盛有试样的盛样皿放至转盘上,关闭烘箱,使转盘旋转,恒定烘箱温度在163℃。

(5)在箱子运转中,室内照明灯不要随意开启,以免影响工作室温度的稳定。

(6)完毕后,必须切断各个开关。

4.注意事项

(1)本烘箱按连续使用设计制造,每月要检查一次加热器,电开关是否发生损坏。

(2)工作室恒温后,应把三段转换开关指向略大于工作温度恒温所需温度一段内(如163℃指向2/3处,如夏天可指向1/3处)。

(3)工作室内照明灯不要随意开启,并且开的时间不宜过长,以免烧坏。

(4)减速箱润滑油每半年更换一次。

SYP4208 沥青延伸度仪操作规程

1.用途及结构

(1)用途

适用于按石油工业部部颁标准沥青延伸度测定法 SY 2804—66 测定沥青的延伸度。

(2)结构

仪器由水浴、加热恒温装置、搅拌装置、传动装置及沥青试模等几个部分组成。

①水浴是用轻金属制造的长方形敞口槽,内壁涂白色供试验时保持试样恒温用。

②在水浴底部装有密封管状电加热器,功率 2kW,供加热水温用;在水浴的一端安装控温装置,可以使水浴温度保持恒温,25℃ ± 0.5℃。

③为使水浴温度均匀在水浴一端装有电动搅拌装置,保证水浴内的水能不断循环流动。

④在水浴两侧安装两根螺距相同的传动丝杠,由水浴一端的传动马达通过蜗轮杆减速及一组齿轮带动,使两根丝杠以相同的速度和同一个方向旋转,当丝杠旋转时,通过开合螺母带动平放在固定于水浴侧壁的两根道轨上的拉伸板以 5cm/min 的速度,在水平方向移动。为了保证操作安全及便于使用在水浴两端安装有终点停车开关及电机倒顺开关。

2.使用要求及注意事项

(1)本仪器按 SY 2804—66 测定沥青的延伸度测定法的规定使用。

(2)使用前应检查拉伸滑板的移动速度,5cm/min,误差不得超过 ± 5%。

(3)拉伸时应保持沥青模平稳移动,不能有跳动现象。

(4)水位标尺零位是与沥青模上平面相平,试验时水面必须保持在水位标尺 25mm 以上。

六、现场检测试验某些常用仪器设备的操作规程

BM 型摆式摩擦系数测定仪操作规程

1.用途

摆式摩擦系数测定仪是测定路面、机场跑道、标线漆等摩擦系数的仪器(见图 4-12)。是根据摆的位置能损失等于安装于摆臂末端橡胶滑片滑过路面时,克服路面等摩擦所做的功而研制的。

2.使用方法

详见 JTJ 059—95。

3.注意事项

(1)由于路面的摩擦系数受季节和温度的影响,故应记录测试日期和湿路面的温度。

(2)测试路段应描述路面结构类型、外观和使用年限。

(3)当摆向左摆动后返回时,一定要用手接住摆杆,以免损坏滑溜块和指针。

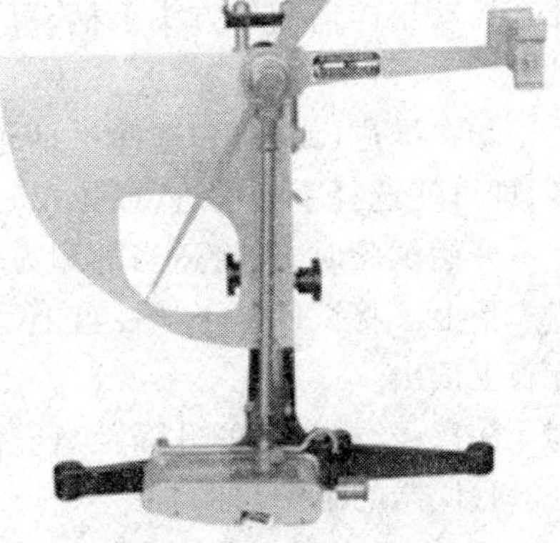

图 4-12　BM 型摆式摩擦系数测定仪

(4)在滑溜块上橡胶片滑动的有效范围不应有明显的凸形和凹形,以免影响测定数值。

(5)标定滑动长度时,应以橡胶片刚刚接触路面为准,不可借摆的力量向前滑动,以免标定的滑动长度过长。

(6)路面摩擦系数沿公路的横断面而变化。通常路中小,路边大。为反映测试路段的最不利情况,应选择摩擦系数小,而使制动较频繁的位置,即沿行车方向的左轮轮迹外。

(7)滑溜块上采用新橡胶片时,应先在干燥路面上测试数次后再用。橡胶片的有效使用期为一年。

LQY—100D路面材料强度试验仪操作规程

1.用途

本仪器为一种多功能的公路路基路面材料强度试验仪器,利用多种仪器附件测定各种土试样的无侧限抗压强度、间接抗拉强度(劈裂试验)、承载比试验(包括浸水膨胀量测定),还可以测定沥青混合料热稳定性和抗塑性流动的性能(马歇尔试验)以及其他多种需要施加垂直载荷的试验。

2.主要规格参数

仪器最大额定载荷	100kN
丝杠盘最大移动距离	125mm
电动机规格	380V、250W、1440r/min
仪器机动速度	快速:50mm/min
	慢速:1mm/min
仪器手动速度	(1/6)mm/圈

3.操作与使用

按下列方式进行操作:

变速箱后有一机构选择手柄;手柄有三个选择位置(以手柄上三条刻线与平面对正为准)。将选择手柄置于推进位置,开动电机,丝杠可获得50mm/min的升降速度;适宜做沥青马歇尔试验。将选择手柄置于拉出位置,开动电机,丝杠可获得1mm/min的升降速度;适宜做承载比试验。将选择手柄置于中间位置即可进行手动升降;具体方法是选择手柄置于中间位置后,用摇把摇动箱体前面的方头手柄,可获得(1/6)mm/圈的速度,可用于其他需要施加垂直载荷的试验。

如在推进(或拉出)选择手柄过程中,推进(或拉出)不到应有位置时,可适当摇动方头手柄,即可使选择手柄推进(或拉出)到适当位置。

开始试验时,先将适当的测力环用紧固螺钉固定在支架上,再将适当的附件(压头)固定在测力环上。将试件置于丝杠盘上,然后进行试验,试验所施加的载荷量,可以从测力环上的百分表上读出。

注意:丝杠盘上的升降距离应保持在125 mm内。

4.仪器的维护与保养

(1)仪器表面应经常擦拭,保持仪器的整洁。

(2)丝杠盘螺纹部分,每班应灌注适量机械油一次,以保证其结合部分的润滑。

现场 CBR 值测定仪操作规程

1. 用途

本仪器的工作原理是利用后轴承重不小于于 60kN 的载货汽车，用千斤顶进行加荷，通过贯入杆测得贯入量及测力计测得的载荷重力，计算出土基现场的 CBR 值。现场 CBR 值测定仪见图 4-13。

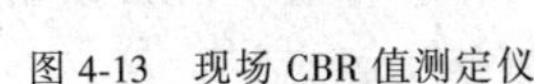

图 4-13　现场 CBR 值测定仪

2. 主要技术指标

规格型号：LCB—2

液压千斤顶：100kN 及球座测力计 60kN

贯入杆：直径 ϕ50mm 长度 200mm

承载板：1.25kg/块 4 块

3. 操作与使用

(1)在贯入杆位置安放 4 块 1.25kg 的分开成半圆的承载板(共 5kg)。

(2)调节侧力计及贯入量百分表，调零，记录初始读数。

(3)起动千斤顶，使贯入杆以 1mm/min 速度压入土基，当相应贯入量为 0.5mm、1.0mm、1.5mm、2.0mm、2.5mm、3.0mm、4.0mm、5.0mm、7.5mm、10.0mm 及 12.5mm 时，分别读取测力计读数。根据情况，也可在贯入量达 7.5mm 时结束测试。

用千斤顶连续加载，两个贯入量百分表及测力计均应在同一时刻读数，当两个百分表读数差值不超过平均值的 30 %时，以其平均值作为贯入量，当两个表读数差值超过平均值的 30%时，应停止试验。

(4)卸除荷载，移去侧定装置。

(5)在试验点下取样，测定材料含水量。

(6)在紧靠试验点旁边的适当位置，用灌砂法或环刀法等测定土基的密度。

七、标准养生某些常用仪器设备的操作规程

SHHW 电热恒温水温箱操作规程

1. 用途

供医疗卫生、医学院校、工矿企业和科研单位等作精密恒温和辅助加热之用。

2. 技术参数(见表 4-5)

技术参数　　表 4-5

型　号	工作室尺寸 长×宽×高	额定电压 (V)	额定功率 (W)	工作温度 (℃)	温度波动 (℃)
SHHW1	600mm×300mm×200mm	220	1	100	±0.5
SHHW2	420mm×180mm×140mm	220	0.5	100	±0.5

3. 注意事项

(1)水温箱外壳必须有效接地，以保证使用安全。

(2)在未加水之前,切勿按下电源开关,以防烧毁电热管。

(3)旋转调温按钮,就能调整所需温度,顺时针方向旋转为增加温度。反之则为降低温度,以表上读数为准。

(4)在调整温度旋钮时,红绿指示灯会交替明灭,当温度达到规定要求的温度时,红指示灯亮,表示加热电源已经切断,水温箱停止加热,当水温箱温度低于规定要求时,绿指示灯亮,加热电源自动接通继续进行加热。

101—2型电热恒温干燥箱操作规程

1.用途

适用于温度为室温~300℃之间的一切非爆炸、腐蚀易燃性物质的烘焙、干燥。

2.使用说明

(1)本箱装置时必须用导线连接通地。接地导线必须用螺丝同打入地下的铁棒或铁管夹紧,以使接触良好。

(2)电源端应装有闸刀或类似开关,核对电压是否相符,并按总功率换算出电流大小,接上相应的电源线和保险丝。

(3)当所需恒温点固定,即可将加工物放在箱内活动搁板上。然后开启左侧电源开关,绿色指示灯亮。此后箱内温度逐步上升,直至达到所需恒温点时,红色指示灯亮。这样在一个较长的时间后,红、绿灯交替明灭。最终箱内温度达到所需恒温点。

(4)如所需恒温点在150℃以下,可将箱子左侧高、低温开关拨向"低温",在150℃以上,可拨向"高温",正确使用高、低温开关,能使箱内各点温度较为均匀。

3.注意事项

(1)本箱非防爆型,故带腐蚀性及易燃性物品禁止放入箱内干燥,以免引起爆炸。

(2)使用本箱时,供电电压一定要于本箱额定工作电压相符,否则要造成箱内电子仪器的损坏。

(3)切勿任意拆卸机件,以免损坏箱内电气线路。

(4)本箱使用环境温度不得高于45℃。

(5)本箱如发生故障,应由熟悉电子仪器的电工维修。

4.保护与维修

(1)使用前注意检查电源电压是否同本箱额定工作电压相符,否则要造成不必要的损坏。

(2)切勿把本箱放在含酸、碱的腐蚀环境中,以免损坏电子部件。

(3)需要搬动箱子时,尽量做到小心轻放,避免剧烈振动后造成内部电气线路接点松动。

(4)注意保护本箱外表漆面。否则,不但影响箱体外型的美观,更重要的是将会缩短箱体的寿命。

八、其他常用仪器设备的操作规程

JPT型系列架盘天平操作规程

1.使用

(1)使用天平时,应将天平放在平面工作台上。

(2)使用前,将游码移至称量标尺左端0刻度线上;指针尖应对准指示标头中间的刻度线,若指针偏左或偏右。即调节右盘下方的平衡螺母,使指针尖对准标头刻度线为止,方能开始使用。

(3)天平的右盘放砝码,左盘放置物品;添加砝码或移动标尺游码,使指针尖对准刻度线,此时砝码质量与标尺读数之和,即为所衡量物品的质量。

(4)当连续定量衡量物品时,应注意游码勿使移动,以免造成衡量之物品不准。

2.保养

(1)天平和砝码应妥善保管并保持清洁干燥,不得置于易受潮湿、氧化、腐蚀之处,并避免沾着酸、碱或油脂。

(2)天平和砝码若发生氧化、腐蚀或对其正确性有疑问时,应由专业计量人员修理,经计量检定机构检定合格后方能使用。

WE 下置式万能试验机操作规范

1.用途

WE万能材料试验机是电动下置式油缸(见图4-14),液压加荷,动摆测试,三度盘全量程,具有精度高、操作方便,适用于广大试验室作各种金属材料的拉伸、压缩、弯曲及剪切试验,亦可做塑料、混凝土、水泥等非金属材料的拉伸或压缩、弯曲、切剪试验。

图4-14　WE下置式万能试验机

2.技术参数

最大试验力:1000kN、600kN、300kN

测力示值误差:±1%

工作电压:380(1±10%)V

拉伸钳口间最大距离:640mm、700mm、620mm

扁试样夹持宽度:0~40mm、0~30mm、0~15mm

圆试样夹持直径:ϕ20~60mm、ϕ13~40mm、ϕ10~32mm

外形尺寸:1060mm×760mm×2400mm、900mm×630mm×2300mm、800mm×500mm×1980mm

3.使用说明

(1)按电源。按电源按钮,指示灯亮,按要求测量试件尺寸。

(2)根据试件规格选用量程加砣或减砣和钳口。

(3)将试件一端夹在上钳口中,按下控制盒“上紧”按钮,夹紧试件。若台板位置不够,可开动油泵使台板上升一定位置。

(4)送、回油阀都关闭情况下,调整指针对准度盘零点。

(5)启动开降电机调整拉伸试验空间,将试件夹好,液压夹头的机型,按“下紧”按钮将试件夹好。

(6)按试验要求,缓慢拧开送油阀进行加力试验,试件断裂后,关闭送油阀,停止油泵工作。

(7)取下断裂试件,测量试验后断件尺寸,作出试验报告。

(8)切断电源,清擦工作台。

复习思考题

1.简述常规仪器设备管理的基本要求。

2.仪器设备的技术准备主要包括哪些方面?并举例说明。

3.使用仪器设备的主要原则是什么?若在试验过程中突然停电,应如何处理?

4.仪器设备的维护的目的是什么?你在使用某种仪器设备时是如何进行维护的?试举例说明。

5.试拟定一至两种大型仪器设备的操作规程。

第五章

试验室档案资料管理

[学习要求]

通过对本章的学习,能具备对中、小型试验室进行设备档案的建立和管理的能力。

试验室档案是试验室在社会实践活动中直接形成的、有一定保存价值的、各种形式的历史记录。试验室档案是试验室工作的有效工具,是公路工程设计和施工的重要参考依据。

第一节　试验室档案工作概述

一、档案的定义

概念,是对事物的理性认识,给概念下定义,就是揭示该事物的本质属性,明确这一事物同其他事物的质的区别。目前国内外给档案下的定义,有许多的表述。

1960年《档案工作》杂志第11期社论对档案的定义是:"档案是在本机关工作和学习中形成的,具有一定保存价值的,并且经过立卷归档,作为真实的历史记录集中保管起来的各种文书材料(包括技术材料、影片、照片、录像等)。"

1962年中国人民大学历史档案系《档案管理学》讲义给档案下的定义是:"档案,是机关(企业、事业单位)在工作和生产中形成的、具有考查和利用价值的、按照一定归档制度,集中保存起来的文件材料(包括技术图纸、影片、照片、录音带等)。"

1985年国家标准局发布的《档案著录规则》将档案定义为:"国家机关、社会组织和个人从事政治、经济、科学、文化等社会实践活动直接形成的文字、图表、声像等形态的历史记录。"

1985年中国人民大学档案学院陈兆祦、和宝荣主编的《档案管理学基础》对档案定义为:"档案,是机关、组织和个人在社会活动中形成的,作为历史记录保存起来以备考查的文字、图像、声音及其他各种方式和载体的文件。"

1986年中国人民大学档案学院吴宝康教授著《档案管理学理论与历史初探》对档案定义为:"档案是历史上各种政治、经济、社会组织和个人在公私事务或技术、科学工作活动中自然转化形成的真实历史凭证和原始记录,并收藏起来的一定原料制作文字形声材料。"

这些档案定义,反映了不同的观察角度,是档案工作的科学研究和实践的经验结晶,在实际工作中都发挥了重要的作用。

归纳起来,档案,就是人们在社会活动中形成的文、形、声历史真迹材料。对档案的定义,包括以下四个方面的要素:

一是档案的形成者。"人们",是档案的形成者。"人们"既可以是个人,也可以是群体。群体包括国家机关、社会团体、家族和家庭等。

二是档案的形成原因。"社会活动"是形成档案的原因,档案是社会活动的产物。它包括任何一项活动,如政治、经济、科学技术、文化艺术等等。在这些活动中直接产生的文件、图像、影片、照片、录音带等,在完成了现行命令之后,都应转化为档案。但由于档案有作用大小的区别,保存价值也就不同,有的可以存入档案室,有的可以不进入档案室,有的可以销毁。不再保存的档案,不是因为它不是档案,而是因为它失去了保存的价值。

三是档案的基本形态。"文、形、声"是档案的基本形态。档案的载体多种多样,如甲骨、竹文、纸张、胶片、磁盘、光盘等。档案信息的记录方式也是各种各样,如手写、刀刻、印刷、摄影等。档案的形式也是丰富多彩的,如文件、图纸、簿册、照片等。

四是档案的本质特征。"历史真迹"是档案的本质特征。它与"第一手资料"、"历史的原始记录",基本意思是相同的。"历史真迹"就是记录历史的真实踪迹,它不是事后编写和随意收集起来的,后人不能用自己的观点去修改它和补充它,否则它就失去了真实性,而不能称其为档案了。

二、试验室档案工作的内容

通常所指的试验室档案工作是指资料室所从事的档案业务工作,即用科学的原则和方法管理档案,为试验室提供档案信息服务的工作。

试验室档案工作的基本内容包括档案的收集、整理、鉴定、保管、统计、编目与检索、利用服务、编辑与研究等八项工作。

试验室档案工作是适应社会实践的需要而产生和发展的,其各项工作也是在实践中形成的。

(一)收集

收集就是将分散形成的档案经过挑选,按照一定的办法集中保存起来,这就形成了档案的收集工作。

(二)整理

由于收集起来的档案数量大、内容广、成分复杂和零乱。为了便于日常管理和查找,就需要把这些收集起来的档案分门别类,逐步条理化、系统化,这就形成了档案的整理工作。

(三)鉴定

随着时间的推移,档案的数量日益增多,有些档案已经失去或降低了保存价值,库存档案就显得庞杂起来。为了使最有价值的档案更好地发挥作用,就必须对保存档案进行"检简",剔除那些失去了保存价值的档案,区别档案不同的保存价值,以便分级保管档案,这就形成了档案的鉴定工作。

(四)保管

由于自然和人为的各种原因,档案总是处于渐变性的自毁过程之中,甚至可能遭到突变性的破坏。例如,纸张变质,字迹褪色或遭受火灾、水灾等等。为了更长久地利用档案,需要对档案采取各种保护措施,保证其完整、齐全,尽量延长其使用寿命,使档案得到妥善的保管,这就形成了档案的保管工作。

(五)统计

对档案进行科学的管理,需要掌握档案和档案工作的全面情况及其规律,做到"胸中有数"。因此,就要对试验室档案和档案工作的状况进行数量的统计、分析和研究,这就形成了档案的统计工作。

(六)编目与检索

数量庞大的档案,通常是根据其自然形成的规律,按照基本的体系整理和存放的。而社会各方面利用档案的要求是特定的,又是多方面的。为了满足各种特定的查找利用要求,需要通过多种途径和形式揭示档案的内容和成分,提供查找档案的手段,这就形成了档案的检索工作。

(七)利用服务

对试验室档案的收集、整理、保管、检索等工作,其目的是要充分发挥档案的作用,为社会各方面服务。为了使档案的作用及时、充分的发挥出来,需要开辟各种各样的途径,采取多种多样的形式,向使用者提供方便,这就形成了档案的利用工作。

资料室保存的档案,主要是原始资料,多为孤本,有的相当珍贵,一般只适用于内部借阅。

(八)编辑与研究

为了保护档案原件和满足更多利用者系统的利用档案的需求,就需要对档案史料进行研究,并编辑、公布、出版档案史料。这就形成了档案的编辑与研究工作。

三、试验室档案工作的基本原则

我国档案工作的基本原则是在实践中逐步完善的,《中华人民共和国档案法》中明确规定:"档案工作实行统一领导、分级管理的原则,维护档案的完整与安全,便于各方面的利用。"档案工作的这一基本原则和管理体制,提出了档案管理的基本要求,体现了档案工作的根本目的和主要标准。

四、试验室档案收集工作的意义

(一)试验室档案收集工作是档案工作的起点

试验室档案工作的对象是档案。有了档案,资料室才有进行整理、编目、鉴定、保管、统计和提供利用等各项工作的物质条件。资料室所管理的档案,主要不是由资料室自己产生的,而是依靠长期收集,逐步积累和补充起来的。收集是资料室取得和积累档案的一种手段。没有档案的收集工作,就不可能有完整的档案。因此,要做好档案工作,首先必须从档案的收集工作做起。

(二)试验室档案收集工作是实行档案集中管理原则的前提和保证

档案工作的基本原则要求实行档案集中统一管理。设备档案是企业的宝贵财富,不能长期分散,更不能归个人所有,只有通过收集工作,才能形成统一的档案材料,实行统一的科学管理。因此,收集工作是档案工作基本原则得以贯彻的一个重要前提和保证。

(三)试验室档案收集工作是档案工作环节的基础

从全部档案业务工作的程序来说,收集工作是档案工作中的第一环节。收集工作的质量决定和影响着其他环节的质量。收集的档案齐全完整,合乎质量要求,就为其他环节创造了良好的条件,减少其他工作一切的工作量,从而可以使档案室集中力量,广泛开展档案的利用工作。如果收集不及时,档案材料就会残缺不全,整理工作就不能顺利进行,就没有完整、系统的档案,并且会给今后的保管、鉴定、统计、利用等各项工作造成困难。因此,要做好档案业务工作,就必须首先做好档案收集工作。

五、资料室的收集工作

资料室的收集工作主要是指试验室内部文件材料归档,通过建立和健全归档制度,将办公室、检测室和设备室立卷归档的文件材料集中到资料室,统一管理。

试验室在工作活动中不断产生的文件材料处理完毕以后,经办公室、检测室和设备室整理立卷,定期移交给资料室集中保存,称为"归档"。

(一)归档范围

归档范围是归档制度最重要的内容,正确规定归档范围是保证归档文件材料的完整和质量的关键。只要具有一定的保存价值的文件,例如需要保存3年、5年、15年等定期保存的文件,都应列入归档的范围。在归档时,对容易忽视或不易收集齐全的文件材料应予以特别注意:应归档的文件除了文件正件外,还包括其附件,如条例、会议纪要、图表、计划、总结、设备台账卡片、总账等(如表6-1~表6-3等);除了经过登记的文件外,还应包括未经收发登记的文件材料,如会议文件、设备招投标书、设备合同等;会议记录、规章制度、各种报表(如附表6-4~表6-12等),以及领导进行重要活动的照片等。

对于重复、临时性、事务性文件,以及参考、参阅、征求意见、不需办理的文件等不需归档。

附表

仪器设备总账 表6-1

单位名称: 制表单位: 制表人: 制表日期: 第 页

领用单位编号	单位名称	仪器编号	分类号	仪器名称	型号	规格	单价	厂家	购置日期	经费来源	领用人

仪 器 设 备 卡 片　　表 6-2

仪器编号：　　领用单位号：　　入账日期：

仪器名称			领用单位		购置日期	
分 类 号			厂　　家		出厂日期	
型　　号					国　　别	
规　　格					现　　状	
单价	原值		使用方向		经费科目	
	现值		设 备 号		领 用 人	

变　　动　　情　　况

变动日期	转出单位编号	转出单位名称	领用人	备　　注

制卡日期：

附（配）件 情 况

日期	附件编号	附件名称	型号规格	单价	备注

价　值　增　减　记　录

日期	摘　　要	增加	减少	备注

仪 器 设 备 卡 片

表 6-3

仪器编号：　　　　　　领用单位号：　　　　　　制卡日期：

变　动　情　况

变动日期	单位编号	使用单位	使用人	备　注

附（配）件 情 况

日期	附件编号	附件名称	型号规格	单价	备　注

价 值 增 减 记 录

日期	摘　要	增加	减少	备　注

仪器设备报失注销（或报废）申请单

表 6-4

制卡日期：

仪器名称			分类号		购置日期	
领用单位			型号规格			
金　额		数量		单价		经费来源	
仪器编号						
报失原因	经办人签字： 年　月　日					
科室意见	负责人签字(盖章)： 年　月　日					
主管部门意见	负责人签字(盖章)： 年　月　日					
财务部门意见	负责人签字(盖章)： 年　月　日					

仪器设备增减值验收单　　表 6-5

单据号：　　　　　　　　　　　　　　　　　　制卡日期：

领用单位				仪器编号			
仪器名称				变动日期			
数　量		变动单价		变动总额		分类编号	
摘　要							
备　注							

主管：　　　　　　　　　　领用人：　　　　　　　　　　验收人：

仪器设备验收单附单　　表 6-6

单据号：　　　　　　共　　台件　　　　　　制卡日期：

仪器编号	出厂号	仪器编号	出厂号	仪器编号	出厂号

领用单位：　　　　　　　　　　　　　　　　　　仪器名称：

低值易耗品进账登记表　　表 6-7

序号	仪 器 名 称	单价	单位	数量	购置日期	经手人	验收人	领用人

低值易耗(耐用)品使用登记表　　表 6-8

序号	试验项目	仪器名称	仪器编号	单价	单位	数量	使用日期	经手人	领用人	领用单位	归还日期	仪器状态

仪器维修登记表　　表 6-9

序号	仪 器 名 称	仪器编号	单价	单位	数量	损坏人	损坏人单位	损坏日期	损坏部位	处理结果	维修单位

仪器使用登记表　　表 6-10

序号	试验项目	仪器名称	仪器编号	单价	单位	数量	使用日期	经手人	领用人	领用人单位	归还日期	仪器状态

仪器损坏登记表 表 6-11

序号	仪器名称	仪器编号	单价	单位	数量	使用日期	经手人	领用人	领用人单位	损坏日期	损坏部位

安全检查记录 表 6-12

检查日期	有无安全隐患	隐患情况及解除方法	检查人员签字	排除情况	备注

(二)归档时间

是指需要归档的文件材料向资料室移交的时间。办理完毕的文件,不是随时办理归档,也不是时隔数年,待文件积压成堆之后再归档,一般应该在第二年6月份由办公室立好卷向档案室归档。对于某些专业方面的文件、特殊载体的文件以及驻地分散在外的试验室的文件,为了便于日常工作的查考,可以另行规定切合实际的归档时间。

(三)归档要求

主要是指归档卷宗的质量要求。归档卷宗总的质量要求是:遵循文件材料的形成规律和特点,保持文件之间的有机联系,区别不同价值,便于保管和利用。

首先,归档文件要完整、齐全。完整就是归档的案卷数量要充分,每份文件页数要完整,案卷不遗漏、不残缺;齐全就是要做到归档的部门齐全,档案门类齐全。

其次,归档文件材料要系统有序。在组卷时,应当将每份文件的正件与附件、印件与定稿、请示与批复、转发文件与原件,分别立在一起,不得分开。文件和电报一般应按其内容联系统一立卷,即文电合一立卷。在进行卷内文件排列时,要合理安排文件的先后次序,一般可按重要程度或时间顺序排列,密不可分的文件材料应依序排列在一起,即批复在前,请示在后;正件在前,附件在后;印件在前,定稿在后等。其他文件材料依其形成规律或特点,按有关规定排列。

归档案卷在技术加工上也应符合有关要求。装订的案卷应统一在有文字的每页材料正面的右上角,背面的左上角填写页号;不装订的案卷,应在卷内每份文件材料的右上方加盖档号章,并逐件编件号;图表和声像材料等也应在装具上或声像材料的背面逐件编号。案卷必须按规定的格式逐件填写卷内目录,有关卷内文件材料的情况说明,都应逐项填写在备考表内。案卷封面的各个项目均应填写清楚,案卷标题要确切简明地反映卷内文件材料内容。要根据"档案保管期限表"注明每个案卷的保管期限。装订案卷时,要去掉文件的金属物,对破损的文件要裱糊,字迹模糊的应复制并与原件一并立卷。案卷装订后,要按一定的次序系统排列,编写顺序号,编制案卷目录一式数份,由移交部门和档案室签字后,作为案卷已向档案室归档的凭证。

第二节 试验室档案整理工作

把数量较大的试验室档案,及时地、完整地收集起来,进行科学地、系统地整理,提供给各项工作利用,这是试验室档案管理集中的一项重要任务。

一、档案的常用分类方法

档案的分类方法很多,如年度分类法、组织机构分类法、问题分类法、作者分类法、地区分类法、文体名称分类法等。试验室常用的分类法是以下三种。

(一)年度分类法

年度分类法也称为年代分类法,就是根据形成和处理文件的所属年度将卷宗内档案分成各个类别。按年度分类,就可以看出一个立档单位逐年发展变化的情况,看出不同时期一个机关的不同特点,有助于从各个不同的阶段总结经验教训,揭示事物发展的规律。在实际工作中,年度分类法可以同其他分类法结合使用。

如果文件上有两个以上日期又不属于同一个年度,就要根据文件的特点,确定最能说明该文件特点的日期作为分类的根据。法律、法令和条例等法规性文件以批准日期作为分类的根据(公布之日生效的文件,以公布日期为根据),指示、命令等领导性文件以签署日期为根据,计划、总结、预算、决算、统计报表以内容针对时间为根据,来往文书中的收文以收到日期为根据。

跨年度文件若是属于单份文件,内容跨了两个以上年度。比如一份文件既有前一年的工作总结,又有后一年的工作计划,这类文件如果是以工作总结为主要内容的,应该归入前一个年度。如果是以工作计划为主要内容的,就应该归入后一个年度。如果内容不分主次,应该归入形成文件的年度。还有的计划和总结,其内容不是针对一个年度,而是涉及到几个年度,如五年计划、三年总结、十年规划等,属于计划性的,应该归入计划开始的一年。属于总结性的,应该归入总结针对的最后一年;若一次会议,前一年底开会,后一年初结束,这次会议形成的文件应归入会议结束的年度。

(二)组织机构分类法

就是按照立档单位的内部组织结构,将卷宗内的档案分成若干个类别。档案是由各个机构在其业务活动中形成的,按组织机构分类就能客观地反映立档单位各个组织机构工作活动的面貌。

按组织机构分类时,对于由几个机构形成或处理的文件,应有统一的归类方法。以检测中心名义发的文件一般应归入行政机构类;检测部起草而以机关名义发的,一般应归入办公室类,也可以归入检测部类。

(三)问题分类法

就是按照档案内容所说明的问题来分类,能较好地保持文件之间在内容方面的联系,使内容相同或相近的档案集中在一起,能够比较突出地反映出一个机关主要工作活动面貌,便于按专题查找利用档案。

按问题分类,特别需要强调下列几项具体要求:

1.应该按照文件内容中最基本的问题来设置类别,如实地反映出立档单位的主要面貌。

2.类别体系力求简明,必须合乎逻辑,类别的设置应根据卷宗的大小、立档单位工作任务简繁和文件的多少来决定。

3.按文件的主要内容准确地归类。

在实际工作中单纯地采用上述的某一种分类方法是很少见的,多是两种方法结合使用。

试验室通常采用的结合法有年度—组织机构分类法;组织机构—年度分类法;年度—问题分类法。

二、卷内文件整理

立卷的具体方法,主要是了解文件的内容及其形成特点,将具有某方面共同点和联系密切的文件组合在一起,组成了一个案卷。文件的特点,一般反映在文件结构的各个组成部分上,即每份文件一般都有作者、名称、日期、发送机关以及文件内容反映的一定问题等。立卷时,经常是按问题、作者、名称、地区、时间、收发文机关"六个特征"组成案卷。

文件组成案卷后,还需要进一步对卷内文件进行整理。它的具体工作内容主要包括:卷内文件排列和编号,填写卷内文件目录和备考表。

(一)卷内文件的排列和编号

卷内文件排列可采用按时间排列;按作者排列;按卷内文件的重要程度排列;按问题排列;按地区排列;按文件名称排列等方法。无论采取哪种方法排列,必须注意保持请示与批复、正文与附件、同一文件的各种不同稿本(正文、原稿、草案等)之间不可分离的联系。卷内文件排好之后,应按统一方法把文件编上页号,固定次序,以便查找利用和保护文件。在初次编页号时最好用铅笔,过一段时间无大的变化时,即可用打号机打号固定。

(二)填写卷内文件目录和备考表

卷内目录放在卷首,列举卷内文件的主要内容。它的作用是向利用者介绍卷内文件的情况,便于查找卷内文件,也能起到保护卷内文件的作用。其格式见表6-13。

卷内文件目录 表6-13

顺序号	文件作者	发文号	文件标题或摘要	日期	所在页号	备注

卷内文件目录的填写方法,一般是逐件登记。顺序号也就是卷内文件的号。其中"文件标题"栏,一般按原来文件标题填写,有些文件的标题如不能确切地反映文件的内容,或无标题的文件,在填写时应根据文件内容拟写确切的标题或概括填写文件摘要。备考表放在案卷最后,用以注明卷内文件的基本情况,便于管理人员和利用者了解案卷情况。备考表的格式见表6-14。

卷内备考表　　表6-14

<table>
<tr><td>本卷情况说明：

立卷人：

检查人：

立卷时间：</td></tr>
</table>

本卷情况说明:填写卷内文件缺损、修改、补充、移交、销毁等情况。案卷立好以后发生或发现的问题由有关的资料管理人员填写并签名标注时间。

立卷人:由责任立卷者签名

检查人:由案卷质量审核者签名。

立卷时间:填写完成的立卷日期。

三、案卷封面的编目和案卷装封

(一)案卷封面的编目

卷内文件整理完毕之后,要以案卷为单位在封面上编目。主要项目包括:卷宗名称、类别名称、案卷题名、时间、保管期限、件数、页号、归档号、档号。

卷宗名称相同于立档单位的名称。

类别名称指卷宗内分类方案的第一级类别名称。

案卷题名即案卷标题,是封面中最主要的项目,用以概括和揭示卷内文件的内容和成分。

(二)案卷装封

长期和永久保存的案卷,一般均应装订成册,对于特别珍贵的文件、图片和照片以及其他不便装订的文件,可采用合适的卷夹、袋、筒、盒等装封,以固定和保护卷内文件。在案卷装封之前,要除去文件的金属物,并进行必要的修补等技术处理工作。

四、案卷排列和编制案卷目录

(一)案卷排列

卷宗内档案分类、立卷之后,还必须进行案卷的排列。案卷排列就是根据一定的方法,确定各类案卷的前后次序和存放的位置,保持案卷之间的联系。

案卷排列最常用的方法是:按照案卷所反映的工作上的联系来排列;按照案卷所反映的问题来排列。此外还可按照时间先后来排列;还可按作者、收发文机关和地区来排列。

(二)编制案卷目录

案卷经过排列以后,应当按顺序编号并登记到案卷目录上。案卷目录就是案卷的名册。

案卷目录的结构是由封面和扉页、目次、序言或说明、简称表及案卷目录表。

案卷目录的封面和扉页的项目包括:目录名称、全宗号、目录号、保管期限。

目次即案卷所属类目的索引,它是介绍案卷目录内容和结构的纲要,应写明各类的名称及其起止页数,也可包括案卷的起止号。

序言应叙述使用案卷目录和利用档案时需要了解的情况,如目录结构、编制方法、立档单位和全宗简史,尤其需要说明卷宗内档案的完整程度。

简称表即根据需要将案卷目录中使用的名词简称,与全称列为对照表,以便查对。

案卷目录表是案卷目录的主体,其内容和格式见表6-15。

案卷目录 表6-15

案卷号	题　　名	年度	页数	期限	备注

案卷号(顺序号)也称“卷号”,依案卷排列,逐次填写。

题名(案卷标题)即填写案卷封面上的案卷标题。必须逐字照录,不能随意修改和缩减。

年度即案卷内文件所属的年份。有时需要填写具体起止年、月,应填写案卷内最早的文件日期和最迟的文件日期。

页数即填写卷内文件实有的页数。

期限即案卷的保管期限。

备注即对于某些案卷的变化情况的说明。比如销毁、移出,或者遗失、损坏等情况。

备考表附在全部案卷目录之后,注明本目录的案卷数量,目录页数,编制日期及其他必要的说明,编制者签名或盖章。以后案卷如有移出、销毁、损坏等,也在备考表上注明,并由记载者签名或盖章。

案卷目录应一式三份以上,一份供日常使用,一份保存起来备用,一份随档案移交。

一个卷宗如编有若干本案卷目录,必须以卷宗为单位编定各本目录的顺序号,通常称作“案卷目录号”,也简称“目录号”。目录号是“档号”中的一种,如果不编目录号,将会影响编制其他检索工具。

(三)档号及其使用规则

档号,即档案的数字代号。为了固定档案分类、排列的次序,便于保管和查找利用,需要对档案依次编制各种顺序号,档号是档案各种顺序号的总称。在档案管理中常用的档号由卷宗号、案卷目录号、案卷号和卷内文件页号组成。

编制卷宗号的方法很多,归纳起来有两大基本类型:即流水法和分类法,其中以前者为主。档案室保存的就是本单位一个卷宗,有时也代管其他一些单位的卷宗,但因卷宗数量少,而且档案最终要进档案馆,所以一般不编制卷宗号。若档案馆已指定该档案室档案卷宗号,则可同时编制。

一个卷宗内档案数量很多,用一本目录登记已不够用,这样就会形成若干本案卷目录,需要把案卷目录按顺序编号,每一个案卷目录必须编一个号,这就是案卷目录号。

案卷在系统排列之后,要确定每个案卷的前后次序和排列位置。案卷排列的顺序号就是案卷号。在一本案卷目录内案卷号必须从1号开始,流水编号,有多少案卷就编多少号,当中不能重号,不能空号。

页号指对案卷内每份文件的每一页所编的号,按卷内文件排列顺序依次编号。有的文件不需要装订,以单份文件为保管单位,每件只编一个号,及件号。

档案的使用规则要求:档号要完整成套。一般来说上述几部分档号均应编排;卷宗号、案卷目录号、案卷号、文件页号、件号均不能重号。

第三节　试验室档案保管工作

做好档案工作最起码的要求,是维护档案的完整和安全,它是档案的收集、整理、鉴定和提供利用等整个档案工作需要共同担负的任务,而保管工作仍是实现这一任务和要求的重点环节。

一、试验室档案保管工作的内容

构成档案的各种物质材料可保存的时间是有限的,这就决定了档案的寿命也是有限的。档案保管工作就是根据档案的成分和状况,为延长寿命所采取的一系列存放和安全防护措施。它的内容主要包括三个方面:

1.档案的库房管理,即库房内档案科学管理的日常工作。

2.档案流动过程中的保护,即档案在各个管理环节中一般的安全防护。

3.保护档案的专门措施,即为延长档案的寿命而采取的诸如复制和修补等各种专门的技术处理。

二、档案损坏的原因

档案损坏和遭受破坏的原因有两个方面:

1.内因

即档案本身,指档案制成材料的质量;包括载体材料和记录材料,如纸张、胶片、磁带、磁盘、墨水、油墨材料等,这些因素直接影响档案的寿命。

2.外因

来自人为因素和自然因素两个方面。

人为的损毁,主要表现在:

(1)由于档案工作人员和档案利用麻痹大意,或玩忽职守,或不遵守规章,以及缺乏档案科学知识等,导致管理与使用中档案丢失、污损或档案系统的紊乱。

(2)在档案的流动和利用过程中,难以避免地加速档案的老化。

自然的损毁,即档案所处的环境和保管档案的条件,如不适宜的温湿度、光线、灰尘、虫、鼠、水、火,以及机械磨损等因素对档案的破坏。

因此,档案保管工作质量的高低,对提高档案管理水平具有重大的影响,甚至在一定的(即涉及到档案存毁安全问题)条件下具有决定性的影响。档案保管得好,就为整个档案工作的进行提供了物质对象,提供一个最起码、最基本的前提。反之,如果档案保管工作做得不好,或者不能有效地延长其寿命,甚至损坏,那就会使整个档案工作丧失最起码、最基本的物质前提。工作对象一旦丧失,整个档案工作也就随之失去其存在和进行的基础。如果档案保管得杂乱无章,失密泄密,也都会影响整个档案工作的秩序。

三、试验室档案的包装

档案的包装是非常重要的,它既可以防止光线、灰尘及有害气体对档案的直接危害,同时也可以减少档案的机械磨损。

目前我国包装普通档案的材料有三种:卷皮、卷盒和包装纸。

(一)卷皮

它是包装档案最基本的材料,它不仅能保护文件,又是案卷的封面,有利于档案的取放和检索利用。文书档案案卷卷皮分两种:一种是硬卷皮,一种是软卷皮。硬卷皮采用250g牛皮纸制作,其封面、封底尺寸采用长×宽为300mm×220mm或280mm×210mm的规格,封面、封底的三边(上、下、翻口处)另有70mm宽的折叠纸舌,卷脊可根据需要分别设10mm、15mm、20mm三种厚度。用于成卷装订的卷皮,上、下侧装订处要各有20mm宽的装订纸舌。软卷皮用于卷盒内保存的案卷,一般使用A4型纸或16开纸,其规格分别为297mm×210mm或260mm×185mm两种。

(二)卷盒

用卷盒保管档案是一种比较好的办法。它不仅能够防光、防尘和减少机械磨损,而且外型整齐、美观,还便于档案的科学管理,搬运起来也方便。但它占用库房空间多,且制作卷盒费用较高。尽管如此,在库房条件较差的情况下,它仍是一种比较理想的装具。卷盒外型尺寸采用长宽为300mm×220mm,其高度可根据需要分别设置30mm、40mm或50mm的规格。在盒盖翻口处中部设置绳带,使盒盖能紧扣住卷盒。

(三)包装纸

用包装纸包装档案是保存特殊档案的应急措施。对有些不被经常使用或既不适于装订又不便于盒装的实物档案、资料,可以用拉力较强的纸张包装起来。待条件成熟后,再采取相应措施,使其妥善保管。

四、档案库房的管理

档案库房的管理工作是档案保管工作的基础。作好库房管理工作,不仅需要积极、认真的态度和兢兢业业的实干精神,而且要注意贯彻科学性与实用性相统一的原则,并逐步实现库房管理工作的标准化、规范化。

(一)档案架、档案柜各有所长,应合理使用,灵活配置

档案架具有结构简单、造价便宜的优点,比较适合档案库房。其结构是由几个横格板与两个竖格板按一定尺寸规格连接而成。档案架分为单柱式、复柱式、活动式密集架等形式。

五层立式档案柜是由5个尺寸规格完全相同的柜子叠放而成。这种形式搬运比较方便，同时又能防尘、防光，目前采用较多。

立式双门档案柜高2m左右，宽1m,4层格板，相当于5层，其优点是使用方便，具有防尘、防光的性能，目前采用最多。其缺点是不便移动，造价较高。

(二)档案架、柜的排放和编号

库房中档案架、柜的排放，应符合下列要求：

1.排列一致，横竖成行。如有大小式样不同的架、柜，则应适当分类，尽可能做到整齐一致。

2.有窗库房的架、柜排列，应与窗户垂直，以避免强烈阳光直射；无窗库房架、柜的排列，纵横均可，但应注意不要有碍通风。

3.架、柜的排放，不宜太紧或太松。既要注意最大限度地利用库房面积，又要便于档案的搬运和取放，架、柜之间的主要通道一般应有1~1.2m的距离，其他通道的距离以80cm左右为宜。所有架、柜均不能紧靠墙壁。

为了便于对库房内档案的管理和能够迅速的存取，所有档案架、柜应进行统一编号。编号方法是：自门口起从左至右，返回时从右至左逐个给出顺序号。架、柜内的格也要编号，其方法是以架、柜为单位从上到下给出每格的流水顺序号。

(三)档案存放和卷宗排列

一个卷宗的档案应集中在一起，若事先预留位置已经被排满，新入库的档案不能与先入库的档案放在一起时，可以暂时单独保存，待有可能调整时再集中起来。对于照片、录音带、录像带、技术图纸等不同类型的档案，应分别保管，并且填写参见卡，把它放在卷宗主体位置处，指明这些档案的存放地点以保持其联系。

卷宗的排列方法有两种：一种是按卷宗顺序号流水排列；一种是按卷宗分类排列。前一种排列方法对库房的安排比较方便；后一种排列方法对卷宗的系统管理较为有利。通常采用按卷宗群的排列方法，就是把同一时期、同一系统或相同性质的卷宗排列在一起，以保持它们之间的联系。这也是卷宗分类排列法。

在安排一个卷宗内案卷排列次序的时候，必须严格地按照卷宗内既定的分类体系和案卷顺序号进行，以保持案卷之间的联系。

确定了卷宗和案卷的排放次序以后，就可以组织上架，上架的次序应根据档案柜、架及其“格”的编号次序进行。

存放方式一般有两种：一是竖放，一是平放。竖放是目前采用比较广泛的一种方式，其优点是检取和存放案卷比较方便。

平放的方法虽然取放不太方便，但对保护档案是有利的。平放文件较舒展，文件上的皱纹日久后就会消失。这种方法适合于保管珍贵档案和不宜竖放的档案。

平放档案时，为了取放方便和避免文件承担过重的压力，堆叠的高度以不超过40cm为宜。

(四)档案存放位置索引

为了便于保管工作人员切实掌握档案室档案的存放情况和迅速地取放档案，还必须把所排放好的档案，作出存放位置的索引。存放位置索引按其作用可分为两种：

第一种指明档案的存放位置，即以卷宗及其各类的档案为单位，指出它们的存放地点(见

表 6-16)。

档案存放位置索引(一)　　表 6-16

卷宗名称:			卷宗号:					
案卷目录号	案卷目录名称	目录中案卷起止号数	存放位置					
			楼	层	房间	档案架(柜)	栏	格

第二种指明各档案库房保存档案情况,就是以档案库房和档案架、柜为单位,指出它们保存了些什么档案(见表 6-17)。

档案存放位置索引(二)　　表 6-17

楼:		层:		房间:			
档案架(柜)	栏	格					
			卷宗号	卷宗名称	案卷目录号	案卷目录名称	目录中案卷起止号数

(五)档案代卷卡

档案代卷卡又称档案代理卡。它是档案管理人员编制和使用的一种专门指明案卷去向的卡片。在档案室的档案需要暂时借出库外使用时,填制代卷卡放在被暂时移出案卷的位置上,可以使管理人员准确掌握档案流动情况,有利于档案管理人员对档案进行安全检查。档案代卷卡格式见表 6-18。

档案代卷卡　　表 6-18

卷宗号	目录号	案卷号	移出日期	移往何处		库房管理人员签字(移出)	归还日期	库房管理人员签字(收回)
				单位名称	经手人姓名			

档案代卷卡是一种简便适用的管理工具。如果案卷经常调出或归还,而不用代卷卡,往往

会出现虽在案卷目录上查出,而到架上提取案卷时往往没有案卷的情况,管理人员也因不知是丢失还是借出而心中无数。如查阅档案出库登记和借出登记簿,往往因按时间流水登记,一时查不出某一案卷的去向。所以,设有代卷卡是必要的。

(六)档案的安全保护

档案的安全保护是指通过一定制度和采取专门技术措施,来防止与减少档案损毁因素的工作。其主要内容有:控制库房温湿度;保卫和保密;放火、防光与防尘及档案的安全检查等。

1.控制库房温湿度

科学的控制温度和湿度,是做好档案保管工作的重要措施。不适宜的温度与湿度,会直接影响档案制成材料的耐久性,加速不利因素对档案的破坏作用。温度过高,纸张原有水分蒸发,文件会干燥发脆,甚至变色、发黄。湿度过大,纸张容易生霉和繁殖其他有害生物。因此,库房内温度或湿度过大时,就需要及时采取降温或去湿措施。

降低温度主要是从两个方面采取措施:一方面是室内降温,主要靠空调等设备;另一方面是减少室外热空气和太阳光的辐射对室内的影响,主要措施是悬挂窗帘,密闭朝阳门窗和通风降温等。

降低湿度的方法也是要从两个方面采取措施:一方面是室内去湿,即安装去湿机和放置吸湿剂;另一方面是加强通风起到降低库房内湿度的效果。

2.保卫与保密

档案库房一定要有严密的管理制度。库房管理人员首先应该做好防盗工作,尽最大努力堵塞一切可能失窃的漏洞。非库房管理人员,未经批准,不得随便入库。库房管理人员必须忠于职守,严防任何盗窃和破坏文件的发生。

在库房管理工作上还必须杜绝一切失密的可能,档案管理人员非因工作不得谈论档案内容。关于库房内档案存放状况和管理制度的某些具体内容,也应列入档案室的保密范围内。

3.防火

档案室必须建立和执行严格的防火制度,并把防火作为经常性的重要任务之一。防火工作的基本内容主要有消除火灾因素和做好灭火准备两方面。

首先,要加强检查,消除一切发生火灾的可能性。要定期检查电气设备和输电线路,发现不安全因素立即排除。库房内应严禁吸烟,禁止使用移动式火烛或油灯。

其次,要从物质上思想上做好灭火准备。有条件的地方,可安装自动灭火设备或消防栓。一般均应备有灭火工具、沙箱和充足的水源,这些都应设在便于取用的地方。

4.防尘与防光

光对档案文件的破坏作用很大,尤其是太阳光中的紫外线。实践证明,各种纤维素的机械强度,经阳光照射后,都会比原来降低。防尘、防光的措施有:将档案放入卷盒与厨子内;安装库房门窗时采取一些相应的措施;悬挂窗帘;库房的灯泡加盖半透明灯罩;文件受潮后,切忌阳光暴晒;搞好库房周围的环境绿化;保持库房内清洁卫生。

5.档案的安全检查

定期和不定期地对档案进行检查,是库房管理工作的一项重要工作。检查不仅能发现工作的缺点,及时得到纠正,同时也是维护档案的安全和完整的一项重要措施。只有细致的检查,才能确切地了解档案安全保管的程度,从而采取有效的措施改善保管条件,制止档案继续损坏。

档案的定期检查,可根据部门的具体情况制定,一般一年一次。

不定期检查,应在下列情况下进行:

(1)档案在发生水灾、火灾之后;

(2)发现档案被遗失或盗窃;

(3)对某些档案(如利用频繁的部分)是否遗失发生怀疑时;

(4)发现档案有虫蛀、鼠咬、霉烂现象时;

(5)档案人员调换工作时。

在上述情况下,检查工作可全面进行,也可只检查有关部分。检查内容一般有以下五个方面:一是现有档案数量与登记簿册中的数量是否相符;二是被损毁、遗失文件的数量、情况和内容;三是档案的防护措施和库房设备的安全情况;四是案卷归入的全宗、类别顺序是否正确;五是档案的收进、移出,案卷的借出、归还是否做到了登记、注销和还原。

档案的检查工作,可组成检查小组或专门委员会进行,检查人员应该由有经验的人担任。检查方法,最基本的是以登记簿册与实际档案进行对照以及检查人员的实地观察。检查工作必须有记录,以全宗为单位进行,检查后应作出报告,对发现的问题应妥善处理。

五、不合格试验资料的管理

在资料的收集、整理、鉴定过程中,发现有破损、虫蛀、鼠咬、霉烂、污染或填写不齐全的档案资料,要登记造册。如果确实需要保存的资料,应对已经破损、虫蛀、鼠咬、霉烂、污染或填写不齐全的档案资料进行修复,并填写"资料修补单","资料修补单"上应签上修补人的姓名、修补日期及修补方法,修补单连同已修补过的资料一并装订保存。对于有破损、虫蛀、鼠咬、霉烂、污染或填写不齐全的且已确认没有保存价值的档案资料,要登记造册报请主管领导审批销毁。

复习思考题

1.试验室档案工作的主要内容有哪些?在进行试验室档案管理的过程中应遵循哪些基本原则?

2.进行试验室档案的收集有什么实际意义?资料归档在质量上有什么要求?对归档时间有什么限制?

3.试验室档案整理时通常采用哪种分类法?卷内文件整理的具体工作内容主要有哪些?

4.案卷封面编目的主要项目有哪些?案卷应如何进行装封?

5.案卷排列最常用的方法是什么?

6.案卷目录的封面和扉页包括哪些项目?

7.试验室档案保管工作的主要要求和主要内容是什么?

8.档案的安全保护主要有哪些内容?

9.试在学校试验室任选一台仪器填写以下表格:

仪器设备卡片

仪器编号：　　　　　　　　领用单位号：　　　　　　　　入账日期：

仪器名称			领用单位		购置日期	
分类号			厂　家		出厂日期	
型　号			出厂号		国　别	
规　格					现　状	
单价	原值		使用方向		经费科目	
	现值		设备号		领用人	

变动情况				
变动日期	转出单位编号	转出单位名称	领用人	备注

制卡日期：

固定资产卡片

仪器编号：　　　　　　　　领用单位：　　　　　　　　制卡日期：

附(配)件情况					
日期	附件编号	附件名称	型号规格	单价	备注

价值增减记录				
日期	摘　要	增加	减少	备注

仪器设备报废申请单

仪器名称			分类号		购置日期	
领用单位			型号规格			
金额	数量		单价		经费来源	
仪器编号						
报损报废原因	经办人签字： 年　月　日					
科室意见	负责人签字(盖章)： 年　月　日					
主管部门意见	负责人签字(盖章)： 年　月　日					
财务部门意见	负责人签字(盖章)： 年　月　日					

第六章

现代管理概论

［学习要求］

通过对本章的学习，能运用所学现代管理的有关知识解决试验室管理过程中的实际问题的能力。

管理是一切社会活动必不可少的重要组成部分。

在现代社会中，任何一个组织要达到其既定的组织目标，都需要进行管理。在人类漫长的历史长河中，曾有过多少惊心动魄的重大事件，曾有过多少不可思议的卓越发明，也曾有过多少令人惊叹的宏伟工程，它们都曾在一定的时空中改变了人类的命运和历史的轨迹。如果我们进一步去探究，某些事件为什么一定会发生？某种发明为什么一定会出现？某项工程为什么又一定能成功？也许对每一件事都可列出无穷多的外因和内因。但是，有一个共同的最基本的因素，就是所有的重大事件、所有的卓越发明、所有的宏伟工程，都必须有精心的策划和有效的管理。

在现代社会中，不管人们从事何种职业，事实上人人都在参与管理，如管理国家、管理政府、管理某种组织、管理某个部门、管理试验室、管理某项业务等。

管理工作千差万别，要从各种特殊的管理工作中寻找出共同的普遍适应的规律、理论和方法，具有很大的难度，它是十分复杂的过程，往往涉及政治学、历史学、心理学、人类学、数学及各种技术科学。

第一节　管理的概念

一、管理的含义

凡是存在人群的地方，需要共同工作和生活的领域，都存在着管理。任何行为个体无论是否有所意识，他都直接参与了管理，管理他人或被他人管理。管理就是通过计划、组织和控制这一系列的活动，合理配置组织内部的各种资源，以达到组织既定目标的过程。简而言之，管理就是社会组织中，为了实现预期的目标，以人为中心进行的协调活动。这一表述包含了以下四个观点：

（一）管理的目的是为了实现预期目标

管理是有目的的人类活动，它渗透到每一协作活动中，世界上既不存在无目标的管理，也不可能实现无管理的目标，要达到既定的目标，就必须采取特定的方式，使用特定的方法。

管理的直接目的是与具体的组织目标相一致的。在现代社会中，生产目的是最大限度的满足整个社会日益增长的物质和文化生活的需要，因此，任何管理活动的最终目的应与生产目的相统一。

（二）管理的本质是协调

协调就是使个人的努力与集体的预期目标相一致。在现实经济活动中，参与活动的行为主体都有其自身的利益。某一特定的组织与其他组织之间存在着不同的利益，同一组织内部各成员之间也存在着不同的利益，个人目标有时以与组织目标的整体目标不一致，这些不同利益共同存在是客观存在的，这就要求管理者在实现组织目标的过程中，承认利益共存，并掌握和认识成员之间的不同利益，协调组织内个人目标与组织目标的矛盾，在实现组织目标的过程中尽可能的满足组织成员的个人目标，使组织目标体现个人目标。

协调必定产生在社会组织之中。当个人无法实现预期目标时，就要寻求别人的合作，形成各种社会组织，原来个人的预期目标也就必须改变为社会组织全体成员的共同目标。个人与集体之间，以及各成员之间必然会出现意见和行动的不一致，这就使协调成为社会组织必不可少的活动。

（三）管理的中心是人

在任何组织中都同时存在人与人、人与物的关系。但人与物的关系最终表现为人与人的关系，任何资源的分配也都是以人为中心的。由于人不仅有物质的需要，还有精神的需要，因此，社会文化背景、历史传统、社会制度、人的价值观、人的物质利益、人的精神状态、人的素质、人的信仰，都会对管理活动产生重大的影响。

（四）管理的职能

管理的职能是管理应发挥的作用。管理是一种有目的的活动，是为达到一个组织或机构预定目标的活动。管理要运用各种方法、手段，这些方法、手段与管理职能有密切联系。管理职能是通过各种方法、手段实现的，但是管理方法和手段并不等于管理职能。

二、管理的方法

管理的方法是多样的，需要定性的理论和经验，也需要定量的专门技术。管理要达到既定的组织目标，实现组织资源的合理配置，必须使用特定的管理方法。随着社会经济的发展的科学技术的进步，新的、效率更高的管理方法层出不穷，管理的基本方法包括以下几个方面：经济方法、行政方法、法律方法和启发教育的方法。

（一）经济方法

在管理领域，几乎所有的管理活动都使用经济方法。这种方法强调按照客观经济规律的要求，运用经济手段来促进管理目标的实现，即通过使用经济手段把组织内成员个人目标与组织整体目标协调起来。经济方法的具体形式因管理主体及管理范围的不同而不同。

经济管理方法建立在物质利益的基础上，体现了商品经济内在经济规律的要求，容易在管理中实施，乐于被管理对象接受。此外，经济方法的实施有利于分权管理，便于调动被管理对象者的积极性和主观能动性。但在社会精神文明程度还不高的情况下，过分地强调和过多地使用经济方法容易形成人们一味追求物质利益的倾向，这一局限性要求管理者在使用经济方法时需与思想教育方法相结合。经济管理方法具有客观性、阶级性、利益性、规范性、形式多样性的特点。

1.客观性。使用经济方法进行管理，符合商品经济社会客观经济规律的要求，在具体制定、选择和实施经济方法时也必须符合客观经济规律的要求。

2.阶级性。经济方法可以被不同的社会制度和不同的阶级所采用。在存在阶级的社会里，经济方法也具有特定阶级服务的特点。在资本主义社会中，所采取的经济方法是为了追求更多的剩余价值；在社会主义社会中，所采取的经济管理方法是为了达到社会主义生产目的的手段，它符合人民的整体利益。

3.利益性。这是经济方法最根本的特性，它体现了不同利益实体共存、不同利益相互协调发展的要求。

4.规范性。经济方法总是以某些规范的经济指标来表示的。经济指标的设置和确立需保持在时间上和空间上的连续性，所形成的经济指标体系在不同的组织之间应具有可比性，以便规范地比较和分析管理的结果。

5.形式多样性。反映经济方法的经济指标是多种多样的，它的具体形式因管理的主体及管理范围的不同而异。在宏观管理领域，普遍使用的经济方法有价格、税收、信贷、利率等；在微观管理领域，普遍使用的经济手段有工资、资金、罚款等。

(二)行政方法

所谓行政方法是按照行政组织系统，依靠行政组织的权威，运用命令、规定、指示、条例等行政手段直接对管理对象发生影响的管理方法。行政管理方法的实施必须符合客观规律的要求，行政方法具体形式的确定也必须有科学的依据。现代管理者应充分认识到实施行政方法并不等同于强迫命令、个人专断、官僚主义和瞎指挥。

行政方法的具体形式包括行政命令、行政指示、行政建议、行政委托授权、颁布规章制度和条例、实施适当的行政奖励与处罚等。行政方法的具体形式也随着社会经济发展和组织环境的变化而不断更新。

行政方法便于达到组织集中统一的管理，有利于各项职能的发挥，当使用其他方法不能解决问题时，可以使用行政方法，因此，它是实施其他各种管理方法的必要手段。行政管理方法具有权威性、强制性、阶级性、稳定性、时效性、具体性、垂直性的特点。

1.权威性。行政方法是否有效，在很大程度上取决于行政机构和领导权威性的大小，它要求管理的主体在被管理者中有较高的权威性。

2.强制性。行政方法的强制性是指对特定的管理对象而言，要求必须取得原则上的统一性，必须服从。

3.阶级性。在存在阶级的社会中，行政方法具有鲜明的阶级性，不同的阶级可以通过应用行政方法来为本阶级的利益服务。

4.稳定性。行政管理系统具有严密的组织机构、统一的目标、统一的行动、强有力的调节和控制，对于外部因素的干扰具有较强的抵抗作用。因此，它具有相对的稳定性。

5.时效性。是指行政方法的具体方式只对某一特定时间和特定对象有效，它会随时间、管理目标和管理对象的不同而改变。

6.具体性。是指该方法从行政命令发布的对象到命令的内容都是具体的。

7.垂直性。行政方法是通过行政系统、行政层次来管理的,因此,它属于"条条"的管理,行政命令一般是纵向直线传达执行,是垂直性传递。

(三)法律方法

法律是指国家规定的、公众必须遵守的行为规范。凡是社会生产力发达的国家,法律方法的运用就更为普遍。法律管理方法对于任何社会来说都是不可少的一种管理方法,依据法律管理处理问题比较公正、客观,可以减少管理者主观色彩的影响,便于处理带有共性的问题,适于进行集权和统一管理。但法律方法的实施要求具备健全的立法和司法机构,否则,就达不到管理的目的;法律方法还往往缺乏灵活性,在处理特殊问题以及解决管理中出现的新问题时,缺乏弹性,管理者难以创造性地运用法律方法。法律管理方法具有强制性、阶级性、概括性、规范性、稳定性、可预见性。

1.强制性。法律规范同其他的社会规范不同,它是由国家强制实施的,因此,具有强制性。运用法律方法来进行管理,实际上就是运用这种强制性来进行管理,它是人人必须遵守的行为规则,具有普遍的约束力。

2.阶级性。任何社会制度和管理机构的法律和社会行为规范都是由一定的统治阶级来制定的,因此,法律方法具有鲜明的阶级性。它总是为本阶级的利益服务的。

3.概括性。法律方法具有概括性,是指它的制约对象是抽象的,它是一般的人,而不是具体的特定的人。它在同样情况下,可以反复适用,而不是适用一次。

4.规范性。法律方法规定人们在一定情况下可以做什么,应该做什么或不该做什么,因而具有较强的规范性。同时又通过这种指引,作为评价人们行为的标准。

5.稳定性。因为法律的制约对象是抽象的,一般的,它可以在同样的情况下反复适用,而不是针对个别具体的人或某个具体事物。所以,它一经制定,就具有一定稳定性。

6.可预见性。法律是以各种符号信息的形式来表达的,这些信息使人们有可能预见到国家对自己或他人的行为会抱什么态度,即人们可以事先估计到自己或他人的行为是否合法,会有什么样的后果等等。

(四)启发教育方法

管理是人类有目的的活动,人是管理中最活跃的因素,人是有思想、有感情、能思维的动物,人们行为的动力首先都通过头脑,转变为愿望和动机,由动机导致了人类的行为。这就要求管理者应注意掌握被管理者的需求,分析他们的动机,引导他们的行为。因此,启发教育方法就成为与其他管理方法相配合的一种实用的管理方法。启发教育方法是在意识形态领域进行管理的一种较好的方法。但由于它比较抽象,管理者本人难以把握使用此方法的效果,因此,要求管理者做深入细致和坚持不懈的工作,要求管理对象有较高的道德水平和文化素质。启发教育的方法具有启发性、阶级性、灵活性、长期性。

1.启发性。这种方法的工作重点在于启发人们的自觉性。它不是强迫人们必须如何去做,而是通过宣传教育引导人们愿意去做某事,因此,它具有启发性。

2.阶级性。在存在阶级的社会中,启发教育方法总是被统治阶级利用以实现本阶级的目标。当不同阶级处于统治地位时,所采用的宣传教育方法也不同。

3.灵活性。使用此方法没有统一固定的模式,此方法的具体内容、所采取的具体形式因具体管理活动的特点而不同,管理者可在管理目标的导向下,因时、因地、因人、因事地采取灵活的方式方法。

4.长期性。由于启发教育方法的短期效果不太明显,使用此方法时,要求管理者耐心细致、逐步渗透、长期坚持。

三、管理的性质

管理具有二重性,即自然属性和社会属性。

管理的自然属性,又称为管理的生产属性,它是指管理要处理人与自然的关系,要合理组织生产力。管理的这一属性,反映了社会协作过程本身的要求,是适应社会生产力发展和社会分工发展的要求而产生的,它是由生产力发展水平及人类活动的社会化程度决定的,因此,与它具体的生产方式和特定的社会制度无关。一切人类的协作活动都需要管理,而且协作活动的规模越大,管理就越重要。管理的这一性质说明,任何社会制度下的管理思想和管理经验,只要是反映社会化大生产的客观规律,我们都可以相互借鉴。

管理的社会属性,又称管理的生产关系属性。它是指管理要处理人与人之间的关系,它与生产关系、社会制度相联系,受一定生产关系、政治制度和意识形态的影响与制约。社会制度不同,社会生产新关系的变化,使管理的目的、管理的方式和手段也随之改变。因此,社会主义制度下的管理与资本主义制度下的管理的本质区别就体现在管理的社会属性不同。管理的这一属性要求我们在接受和借鉴西方资本主义制度的管理经验和管理理论时,要进行扬弃、改造,使之适应我国的具体国情。

四、管理的环境

任何管理活动都是在特定的环境中展开的。同一管理者在不同的时间发展阶段上对待同一管理问题的态度可能截然不同,管理观念是日益更新和改变的;不同的管理者在相同的外界条件制约下,即使使用相同的管理方式和管理方法,处理问题的结果也可能毫不相同。这说明,管理是一种综合性的系统活动,管理的成功与失败取决于管理的环境。管理的环境包括管理的内部环境和管理的外部环境。

(一)管理的内部环境

管理的内部环境是指特定组织内部对管理活动发生影响的诸因素的总称。它包括管理的主体、管理的客体、管理机构和管理的方式方法等。管理方式和方法是随着社会经济的变化而变化的,采用不同的管理方式和方法,可以带来不同的管理效果。管理客体对管理的影响主要表现为,被管理者综合素质水平的高低,对接受、理解和反馈管理信息的程度也不同,它具体包括被管理者的年龄结构、文化结构、受教育的程度等。管理主体,即管理者个人的因素是可为管理者控制的因素,因此它又称之为主观因素,它是管理的内部环境中较为重要的一个因素,它在相当大的程度上决定着管理业绩的高低。

1.管理者个人因素

管理者个人因素包括许多内容,主要有管理者的年龄、个性、学历、资历、对成就的需要、管理者的道德观和价值判断标准等。

管理者的年龄对管理绩效的影响因管理者个体不同而异。由于年龄关系，年长者大多缺乏变化意识和学习动力，他们对未来的工作和成就的期望较低，因而失去了学习和进取的动力，不注意学习和掌握现代管理所必备的知识和技能，这使得这类管理者容易落伍，会阻碍管理效率的提高。

在许多情况下，管理者的个性因素是造成管理失误的重要原因。一个充满自信的管理者，总能平静地面对各种挑战，总结失败管理者的教训。自信心不仅对于实现管理者个人的抱负极为重要而且对于他们能否得到同行的承认也非常重要。

管理者的学历是与其所接受的教育程度相联系的，它在相当程度上决定了管理者的知识水平。现代社会组织要求管理者不仅要具备扎实的专业基础知识，而且应具备广泛的、多元的知识结构。为此，越来越多现代管理者为了适应现代社会科技的发展对管理者知识素质的要求，正接受形式多样的专业培训和继续教育。

管理者是否具有强烈的获取成功的欲望，决定了他是否能成为成功的管理者。那些具有较高成就欲望的管理者，通常具有高度的责任感，专心致志，愿意从事把握组织总体方向的工作，并且他们总在不断寻求新的挑战和目标，他们勤奋刻苦、不懈不怠地追求既定目标。

管理者的道德观和价值判断标准也影响着管理者的成败。在处理管理问题时所体现出的道德观和使用的价值判断准则是否符合社会伦理道德的习俗，影响着管理者的管理绩效，管理者作风正直、公道、实事求是，才容易为被管理者所接受并服从。

2.组织气氛

组织气氛属于组织内部环境因素之一，似是而非是影响管理的一个客观因素。在管理主体和管理客体一定的情况下，一旦形成了特定组织结构，采用了一定的管理方式，就决定了组织气氛，它不再为管理者本人所调控。组织气氛是种无形的影响力，它可以左右组织成员的行为，管理者的成功，取决于在组织内部为组织成员创造一种精神舒畅、自然和谐、积极进取的气氛和环境，以激发组织成员的积极性和创造性，使他们真诚地、负有责任感地工作。良好的组织气氛通常有以下特点：

(1)组织内部充满活力和生机，组织成员有较强的创新精神和竞争意识，组织具有较强的自我调节能力和应变能力，竞争力强。

(2)组织有强烈的成就取向，组织的工作追求卓越，组织成员都具有良好的愿望，力求以最优秀的工作方式来实现组织的目标。

(3)组织有较强的凝聚力，组织成员关心组织的发展，珍惜组织的名誉，组织内部的个人目标与组织目标协调一致，能从全局利益出发分析和处理问题。

(4)组织内部管理者和被管理者关系和睦、相互理解、相互支持、相互尊重，管理者工作的重心在于为组织成员的成长创造各种机会，善于激发组织成员的积极性和创造性。

(二)管理的外部环境

管理的外部环境通常是指组织外部对管理活动发生影响的诸因素的总称。它包括社会环境、经济环境、科技环境、社会习俗和道德伦理观念等。

在社会环境中，社会制度对管理的制约尤为明显。由于管理具有生产关系的属性，不同的社会制度，管理的目的、管理的手段和管理的方式也不相同。其次，一个国家所处的社会发展阶段也制约着该国以任何形式存在的管理思想和管理理论各不相同，从而有不同的管理方式和管理手段,这必然决定了不同的管理水平。此外,影响管理的社会环境还包括国家的政治形势、社会体制改革、法律法治的健全与否、社会公民素质、社会教育水平、人们的思维方式和生活方式等。

影响管理的经济环境主要包括:经济体制及其变革、经济发展战略、社会生产力水平、社会物质财富、宏微观经济政策、市场发育程度、竞争环境、国家经济形势等。

影响管理的科技环境主要是指:科技发展水平、研究与开发实力、对高新技术的吸收与消化能力、技术手段的现代化程度、科技人才的数量与质量等。

在现代管理中,管理者越来越重视社会伦理道德的观念对管理成效的影响,他们不再回避对包含道德因素在内的棘手问题的处理和决定。总之,社会习俗的改变、社会伦理道德观念对管理产生着重要的影响。

第二节　管理的职能

管理职能就是管理过程中各项活动的基本功能,也称管理的要素或管理的内容。最基本的职能:计划、组织、指挥、控制、创新。

一、计划职能

计划职能是为了实现组织所设定的目标而制定出所要做的事情的纲要,以及如何做的方法。计划是管理的首要职能。管理的各项工作都是围绕计划展开的。计划职能包括计划和决策。计划贯穿于管理活动的整个过程。决策是计划职能的核心,它是从计划的行为过程的各个方案中作出的选择。

(一)组织目标

组织目标是任何特定的社会组织在一定时期内所要预期达到的某方面活动的标准或水准。计划是为实现管理目标而拟订方案和措施的过程,组织目标是通过有效地实施组织计划来完成的,因此,在讨论计划工作的具体内容之前,必须先了解组织的目标。组织目标的内容包括:社会目标、盈利目标和发展目标。

确立组织目标应遵循以下原则:组织目标应体现组织的整体发展战略;必须具有可检验性;应具有可及性和挑战性;应主次分明;应体现多重目标之间的协调。

目标管理过程由以下几方面组成:确立组织的整体目标、确定下属人员的工作目标、目标实施的准备工作和目标考核与考评。

(二)计划

计划是指为实现组织的既定目标、对未来的行动进行规划和安排的活动,也就是说,计划就是预先决定要去做些什么,如何去做,何时做和由谁去做。在具体内容上,它包括组织目标的选择和确立,实现组织目标方法的确定、预测、决策,计划原则的确立,计划的编制以及计划的实施。

计划是实施其他管理职能的前提和条件,是管理者行动的依据;计划有助于合理配置资源,提高管理效益,因为计划是为实现组织目标而拟订方案和措施的过程。如何有效地达到组织内部资源的最优配置,需要通过计划对管理活动的各个方面进行周密安排,综合平衡;为了制定合理的计划,管理者必须不断关注组织外部环境的变化,预测未来环境的变化趋势,这使管理者习惯于在决策时考虑多种可控因素的影响,使管理部门学会如何面对未来的不确定性,并采取措施加以预防。

1.计划内容。对于某项具体的工作计划,应体现以下几个方面的内容:

(1)在计划中要明确该项工作的具体任务。如销售计划中,应明确在该计划期内,为实现销售额指标和达到市场占有率的要求,应做哪些工作,如广告、销售设施的建设等。

(2)在计划中应反映出该活动的目标。目标是与计划任务相联系的,实现计划中所规定的各项任务,就可以达到预定目标。

(3)计划应明确规定为实现组织目标所需做的各项工作的实施时间和完成进度。这要求计划应具有全面性,应反映在考虑了诸因素后对各项工作的具体实施安排,对于具体的工作要尽可能落实到实施的人。

(4)计划应规定执行具体任务时的责任和权限。没有明确的责权规定,计划只是纸上谈兵;计划应规定完成计划的措施和每项工作要达到的标准,没有标准,就难以做好计划的监督和检查,难以衡量工作绩效,对于失误也难以追究责任。对于某些重要任务,还要规定报告制度的内容。

2.计划的实施。也就是进行目标管理的过程,主要是指挥、协调、控制等职能的范畴,计划本身不能被自动实现,需要其他管理职能发挥各自的作用才能被实现。

目标管理就是指在组织内部上下级管理人员之间定期地在具体的和可考虑的目标上达成协议并写成书面文件,并定期以共同的目标为依据来共同检查和评价实际工作成效的一种管理方法。

3.计划的地位和作用。计划在管理中的地位和作用,归纳起来有以下三个方面:

(1)计划是组织的行动纲领。计划是决策目标与未来的具体实际行动联系起来的关键环节。通过计划的编制,使组织的各个环节,直至每个成员知道在规定的时间,应该做什么工作,完成哪些具体任务,从而做到各就各位,各负其责,保证各个组织职能有条不紊地开展各项工作,促成组织有秩序、有效率地达到预定目标。

(2)计划是控制和协调的标准。组织在实施目标的过程中,往往会出现各种各样的矛盾、冲突,甚至还会出现与组织目标相背离的现象,对这些问题必须进行控制、调节和协调,这就构成了日常管理活动的主体内容。用什么作为标准来发现组织活动过程中的偏差,并采取措施加以纠正呢?计划是其中最重要的标准和手段。

(3)计划是考核评价的依据。在编制计划时对每个部门直至个人都制定了详细的目标任务,在规定的期限内是否完成目标任务,计划便成了考评的依据。

(三)决策

现代管理中,决策是管理的核心。决策是组织对未来形势作出基本的判断,是对未来的组织活动确定目标,制订方案,并从两个以上可行方案中选择一个合理方案的工作过程。

1.决策的方式大致有以下几种:

(1)个人决策。这种决策是由某一位管理者作出,但个人决策绝不等于独断决策。如果管理者就某问题进行决策之前已经充分征求了部属的意见,则这种个人决策的结果是比较科学的,个人决策的优点体现在对问题处理及时、果断、不拖泥带水。但进行科学的个人决策需要决策者具有较高的综合素质水平，他必须掌握大量的信息，能够考虑尽可能多的影响因素，但就个人的能力而言，绝对完美是不可能存在的。

(2)管理者授权决策。这种决策是指管理者将部分或全部决策权适当下放给下属。授权决策的程度可因具体问题的性质而决定。授权决策一般分为两种形式，即让他人替自己作决策和智囊团参与决策。

(3)集体决策。包括小组决策和委员会决策，它必须遵循少数服从多数的原则。

委员会决策有利也有弊。优点表现在集思广益、便于协调、加快学习进程、鼓励参与；缺点表现在委曲求全、折中主义；责任不清、犹豫不决；花费大、耗时多。

2.决策的程序。一个完整的决策过程应包含以下五个基本步骤：即提出问题、预测分析、制订方案、选择方案和执行评价决策。

(1)提出问题。管理中的问题是指在组织目标的实现过程中，需要研究和讨论并加以解决的矛盾和疑难问题，它表现为管理中各项活动的实际执行结果与预期结果之间的差距，在这种情况下，需要将这些问题摆出来，并确定哪些是影响管理目标实现的主要问题和次要问题，以便分清主次矛盾，有重点地解决。

(2)预测分析。预测是决策和计划的前提和基础，没有科学的预测，就不能有科学的决策，也不能有成功的计划。管理中各种问题的出现是与管理环境的变化紧密相关的，组织内外部影响管理的因素是不断变化的，管理中各项活动的实际执行结果与预期结果之间出现差距，说明组织计划中一些指标已不再适应变化了的环境，必须对计划进行调整，重新决策。

(3)制订方案。就某一单独的管理问题的解决和处理，可以有若干种方法，就每一种处理意见，都可以设计出具体的实施方案。

(4)选择方案。决策就是对某问题作出最后的处理决定，制定各种备选方案是为了管理者比较各种方案，并从中选出一种最适合的方案。在选择方案时，应注意使用科学适宜的方法，要综合考虑实施后的各种结果。

(5)执行与评价决策。决策的执行和评价是决策的重要内容，没有决策的执行，就不能达到决策的目的，没有决策的评价，就不能比较分析问题的处理效果，也不能为下一轮决策提供必要的信息。

3.决策在管理中的地位。决策在现代管理中处于核心地位。它是解决组织的活动方向，使组织能用正确的方法去做正确的事，这是组织取得成就的关键所在。一个组织的成就与组织工作效率有很大关系，没有效率也就没有成就可言，在效率和成就之间，还需要有一个正确的方向，组织成就和工作效率之间可以用公式来表示：

$$目标方向 \times 工作效率 = 组织成就$$

4.决策在管理中的作用。

(1)决策决定管理的成败。现代管理中，组织的各项活动都是依据决策的目标和方案展开的。组织的各项管理活动是决策的延伸和继续。如果决策失误了，则组织的管理活动就变成了无用之功，各项具体管理尽管再有成效，整个组织的管理活动也是失败的。如果决策正确了，即使某一局部管理有误，整个管理也会成功。“运筹帷幄之中，决胜千里之外”正是决策作用的真实写照。

(2)决策决定组织的生成和发展。重大决策都是关系到组织与外部环境的关系的决策。

一个组织能否适应外部社会环境的变化,直接关系到组织的生成和发展。科学正确的决策能使组织提高竞争能力和适应外部环境变化的能力,从而使组织在复杂多变的竞争中,不断开拓创新,不断发展壮大。

二、组织职能

组织职能,是为实现计划目标、对组织或机构的各种构成要素进行的组合工作,即建立以权力为基础的正式机构和组织体系,并规定各级的职责范围和协作关系。组织职能包括组织和用人。

计划的实施要靠其他人的合作。组织工作正是人类对合作的需要产生的。合作的人们应该根据工作的需求与人员的特点设计岗位,通过授权和分工,将适当的人员安排在适当的岗位上,用制度规定各个成员的职责和上下左右的相互关系,形成一个有机的组织结构,使整个组织协调的运转。

(一)组织

1.组织。是指按照一定的宗旨和系统建立起来的集体。它是构成社会经济系统的基本单位。

2.组织职能。组织职能是指人、事物或机构应有的作用和功能。其内容包括:组织结构的设计、适度分权和正确授权、人力资源管理、为良好的组织气氛而进行团队精神的培育和组织文化的建设。

3.组织原则。是指组织内应遵守的行为准则。归纳起来有以下几点:统一指挥原则、例外原则、等级原则、部门化原则(专门化分工原则)、分权原则、适度管理幅度原则、弹性结构原则。

影响管理幅度的因素。在任何情况下,确定管理幅度的最基本的原则是要最终使管理人员能有效地领导、协调其下属的活动。

(1)管理者所处的管理层次的高低。所谓管理幅度,就是指直接管理的人数。一般处于较高管理层次的管理者,应有较小的管理幅度。因为最高决策层在进行决策时,尽管必须依赖各种人才来解决各式各样的复杂问题,并提供决策咨询和信息,但统一指挥的原则决定了复杂的决策应由决策层决定,因此,直接领导的下属人数不宜过多。而处于较低层次的管理者,因为处理的是日常事务,因而应有较大的管理幅度。

(2)管理者能力的高低。这里所指的能力包括主观能力和客观因素允许他发挥的能力。一般来说,个人素质水平较高,管理经验丰富,管理者的个人能力较强者可以有较大的管理幅度,否则,应确定较小的管理幅度。但有些管理者虽然他个人能力很强,从主观上也有追求有效管理的愿望,但由于他身兼数职,使他不得不花费很多的时间与精力去处理管理工作之外的其他事务,这就是说,客观因素限制了他的管理能力的发挥。对于这样的管理者,不宜有较大的管理幅度,否则,会使他力不从心。

(3)被管理者素质的高低。一般地说,具有高度责任感、技术熟练、能胜任工作的下属,不需要过多的指挥和监督,因此,设置较宽的管理幅度,可以使他们从工作中得到满足。但有些情况下,被管理者的个性也影响着管理幅度的大小。有些下属的个性决定了他不喜欢领导过多地指导,愿意自我管理,对这样的管理者,较大的管理幅度也许更有助于提高他的工作效率。

相反，对于那些过分依赖上司的下属，则应有较小的管理幅度。

(4)工作本身的性质限制了管理幅度的大小。例如，研究生导师的管理幅度就应该比普通大学教师的管理幅度小。

(5)组织群体凝聚力的强弱、管理者授权意识的强弱、组织环境、空间因素等也是影响管理幅度的因素。

(二)用人

即人力资源的管理。是指在管理中，有效地激励组织成员的行为，合理配置人力资源，使之为实现组织目标而协同工作的过程。

1.人才选拔。用人恰当与否，直接关系到组织的生存与发展。无论是社会上录用人才，还是组织内部选拔人才，都应以个人的实际能力为标准，主要应从被选者的智力水平、解决问题的能力和工作责任感，并严格执行工作分析所提出的人才标准。一方面尽可能创造各种优惠条件招募和吸引人才，另一方面通过严把人才录用关来保证人力资源的素质。

2.职前教育。当某人被某一组织所录用，吸收为组织的新成员之后，对于他们来说，急于希望了解组织的基本情况，尽快熟悉新的工作环境。他们需要了解该组织的传统、政策、行为规范、价值标准、组织的发展目标等等。此外，还有社交行为的特征，如组织气氛、工作环境、与同事的交往方式、上下级关系等等，这些都需要对新成员进行必要的职前教育。为了进行有效的职前教育，可由组织内的人事部门负责设计职前教育计划，并负责组织该计划的具体实施。

3.全员培训。为了适应多变的外部环境，组织需对其成员进行终身教育，使他们不断更新知识和技能。经常使用的培训方法可有以下几种：信息传递法、模拟方法和在职培训法。

三、指挥职能

指挥职能是对下属成员的领导、沟通和督促指导等工作。具体地说，它运用各种方式将计划或行动要求，传达到下属成员中，并指导下属成员按计划和设计要求，进行工作和活动的职能。包括指导、指挥、领导、协调、沟通、激励、代表。

即使决策与组织工作做好了，也不一定能保证组织目标的实现，因为组织目标的实现要依靠组织全体成员的努力。配备在组织机构各种岗位上的人员，由于各自的个人目标、需求偏好、性格、素质、价值观及工作职责和掌握信息量等方面都存在着很大差异，在相互合作中必然产生各种矛盾和冲突。因此就需要有权威的领导者来领导，指导人们的行为，沟通人们之间的信息，增强相互的理解，统一人们的思想和行为，激励每个成员自觉地为实现组织目标而共同努力。

(一)领导

即运用来源于正式权力地位所获得的影响力，对他人行为进行引导和控制。在一个组织中，仅有计划，而无领导，组织的活动就无法进行。只有通过领导者的权力影响力，形成统一的命令和统一的行动要求，组织活动才能有序地进行。

领导的任务就是在组织机构建立之后，设法使这些组织发挥作用，使所有人员作出最大的贡献。完成好领导职能，要做到以下几点：深入了解自己的下属，透彻了解本组织与组织成员达成的各种协议，作出良好的榜样，在用人问题上不认人为亲，在利益问题上不谋私利；要有良好的政治和业务素质以及敬业精神。

（二）指导

就是领导者或管理者运用非权力的个人影响因素，如知识、品德、技术、阅历等，对下属的行为加以引导、激励的过程。在现代管理过程中，权力的影响力是有限的，而非权力的影响力的作用是无法估量的，运用指导而不是采用强制命令的方式，往往能取得更好的管理效果。

（三）激励

就是激发鼓励的意思。是指激发人的动机，使之有一股内在的动力，向其所期望的目标前进的心理活动过程，也可以说是调动积极性的过程。一个人的工作成绩的大小，取决于能力和动机激发程度两个方面，用公式表示为：

$$工作成绩 = 能力 \times 动机激发程度$$

（四）协调

为实现组织目标，引导组织内部各部门、各环节之间相互配合、和谐一致地的管理行为。

协调首先是一种关系调整，调整部门与部门、个人与组织、个人与个人的关系，使他们之间形成一种配合协作、和谐一致的关系，而不是对立冲突的关系。关系调整的实质是利益调整。

协调又是一种平衡活动，通过协调使各部门之间的工作平衡，组织的能力与任务平衡，各部门的资源配置平衡，组织的内部条件与外部环境平衡。平衡所追求的是不同成分之间的合适比例。

协调又是一种沟通活动，沟通就是信息交流。组织内部各部门和各成员之间的信息交流是达到认识一致和协调一致的基本措施。

协调的方法有计划协调方法、会议协调方法、谈判协调方法、信息沟通方法等。

四、控制职能

控制职能是对计划实施过程中出现的各种偏离计划的现象所进行的检查、纠偏活动，以保证组织活动按照计划目标规定的要求进行。控制职能包括监督、检查、控制。

控制的实质就是使实践活动符合于计划。计划就是控制的标准。所以必须及时取得计划执行情况的信息，并将有关信息与计划进行比较，发现实践活动中存在的问题，分析原因，及时采取有效的纠正措施。没有控制，就没有管理。

（一）控制

就是为了确保实际工作与规定的计划相符合而进行的一切活动。即通过对以具体指标表示的工作成果与计划规定的目标相比较，发现问题，及时纠正偏差。控制的目的是及时发现缺点和错误，并加以纠正，以期保证组织活动正常运行。

控制职能的内容是制定人员考核、评价标准，薪金和奖励制度的制定，工作定额的确定等等。其管理对象具体体现为组织内部人、财、物、时间、信息以及无形资产等，在实施控制职能的过程中，应不时的对管理对象进行监督和检查，以便及时纠正存在的问题。

控制的标准可以体现为定性的标准，标准是衡量绩效的依据。在管理过程中，管理者是否掌握实际工作成果的真实信息，可以将实际的工作成果与标准相比较，衡量出管理绩效。管理者获得信息的途径有两条：一是大多数组织都以制度化的各种财务报告制度和内部报告制度，即将从要求能够反映活动成果的重要指标自下而上地定期报告制度中获得信息；二是通过管理人员的直接观察、检查或听下属口头汇报而获得的信息。

将管理工作的实际结果与计划的指标和目的相比较,只要实际结果与目标不相一致,就成为管理上的问题。一旦出现了问题,应认真分析形成的原因,一般认为,造成组织实际工作结果严重偏离计划目标的原因可以归纳为三类:一是组织外部环境的变化,影响到组织计划规定的目标难以实现。这是管理者无法控制的,因此,管理者可能采取的措施只是调整组织的计划目标及具体指标,使计划与组织的外部环境相适应。二是由于组织经营方针的调整和计划组织安排的原因而造成的严重偏差。对于这类原因造成的偏差,管理者只有通过组织变革,或根据新的经营方针调整计划;三是由于计划本身的不完善而造成的偏差。对于这类原因造成的偏差,管理者应采取措施加强计划管理,提高计划职能的效率。

在找出所需控制的关键问题,而且已经分析出出现问题偏差的原因之后,就可以对不同的问题采取纠正措施。

(二)控制效果的评价

如何评价组织控制工作是否有效,管理的效率最终取决于控制的成败。只有实施有效的控制,才能保证组织目标的最终实现。

1.控制要突出重点。管理者要仔细研究,识别对组织目标的实现具有关键意义的问题,抓住要害,集中精力实施控制。

2.控制要体现客观性。控制总是表现为较高层次的管理者对下属工作进行的检查和监督活动,管理者难免有主观色彩,因此,这势必会影响控制效果,使之不能真正体现组织目标的要求。

3.控制要与组织结构相适应。首先控制方法和手段的选择应与现有的组织结构相适应;其次,控制与组织职能相协调还体现在控制中信息联系方式也应与相应的组织结构相适应。

4.控制要有弹性。有效的控制是灵活性很强的控制,控制弹性是指控制应适应影响管理的各因素的变化。因此,评价控制工作是否有效,应看它对于组织内外不断变化的环境是否敏感,它是否能不仅适应计划中未曾预见到的新情况,而且也能在出现任何失常的情况下仍保持控制系统的正常运转。

5.控制要体现反馈的作用。反馈是用过去的信息来调整未来的行为。

6.控制要便于沟通。即有效的控制系统应该能够便于控制者和被控制者之间保持直接的联系。

7.控制应体现经济性。任何组织实施控制职能所付出的代价应小于控制为组织带来的效益。经济性差的控制,尽管控制手段先进,控制的效果再明显,它也不是令人满意的控制。

(三)控制的方法

控制方法大致有以下几种:

1.亲身观察法。它是指通过管理者对重要管理问题的实际调查研究来获取控制所需的各种信息,或由亲身观察获得的信息来补充由报表或其他形式得到的控制信息。

2.统计报告法。它要求组织管理在具有良好的管理基础工作的基础上,使用统计方法对大量的数据资料进行汇总、整理,以各种统计报表的形式,自下而上地为组织中有关管理者提供控制信息。

3.概率控制法。它是利用数理统计和概率论的原理与方法对企业生产经营活动进行统计分析和统计判断的一种控制方法。

4.会计控制法。是通过会计核算与分析工作,同组织内部各级经济核算制度相结合进行的。

5.审计控制法。它在内容上包括对管理工作的审核、对人事工作的审核以及对企业会计工作的审核。审计可以为管理部门进行控制提供重要的信息。

6.预算控制法。利用预算对生产经营活动进行的控制。它的目的是通过把计划数字化为财务报表,并把计划分解,使其与计划相一致。

五、创新职能

由于科学技术的迅速发展,社会经济活动空前活跃,市场要求瞬息万变,社会关系也日益复杂。如果因循守旧、墨守成规,就无法应付新形势的挑战,也就无法完成担负的任务。

要办好任何一件事情,大到国家的改革,小到办学校、办医院,或是推销一种产品,都要敢于走新的路,开辟新的天地。否则总是踩着别人的脚印走,是不可能取得卓著成就的。

总之,各项管理职能都有其独特的表现形式。决策职能是通过方案和计划的形式表现出来的;组织职能是通过组织结构设计和人员配备情况表现出来的;指挥职能是通过领导者和被领导者的关系表现出来;控制职能通过对计划执行情况的信息反馈和纠正措施表现出来的;而创新职能则与其他管理职能不同,它本身并没有某种特有的表现形式,它总是通过其他管理职能的所有活动来表现自身的价值,它是推动管理循环的原动力。

各职能之间相互交叉渗透,控制的结果可能又导致新的决策,从而又开始新的管理循环。

第三节　试验室管理与心理

从一般意义上讲,管理是人类的一种有组织、有目的的活动形式。

从狭义上讲,管理主要是经济活动管理或企业管理,是使各项经营活动合理化,以提高生产效率为目的的活动。

试验室管理包括两个系统的管理:一个是技术系统或叫生产经营管理;另一个是社会心理系统管理或叫心理管理。

一、试验室生产经营管理

生产经营管理,是管理者运用其所能调动的人力(体力、智力)、物力、财力和最新的科技成果,努力提高生产效率、降低生产成本,提高试验项目的数量与质量,把试验室推向市场,以实现试验检测机构预期目标为目的的管理。生产经营管理包括物质资料结构管理、劳动力结构管理和技术结构管理。它具体表现为以计划、组织、指挥、监督和调节等方法手段,对生产、营销、财务和人事的管理。

(一)生产经营管理的任务

就是在生产活动中,运用计划、组织指挥和控制职能,把投入生产过程的各生产要素有效地结合起来,形成有机的体系,按照最经济的方式,生产出满足社会需求的产品,提高生产的效益。具体有以下几项任务:

1.实现生产目的,满足生产需求。

2.完成生产经营计划中规定的目标任务,包括产值、成本、利润等重要指标。

3.充分利用人力资源,合理组织劳动力,不断提高劳动生产率。

4.加强设备和技术管理,提高设备完好率,搞好技术准备和技术改造,保证生产正常进行,提高产品质量和不断采用科技新成果。

5.加强物资管理,努力降低物资消耗,建立合理的物资储备,减少资金占用。它是保证生产正常进行和取得良好经济效益的重要条件。

(二)生产经营管理的意义

在经济体制改革的形势下,生产经营管理虽然处于执行性的地位,但它在生产经营活动中发挥着十分重要的作用。因为生产经营活动是组织的基本活动,生产什么、生产多少、产品质量如何、是否适应市场需要,最终在于产品生产过程中的一切管理活动。如果生产管理不能正常运行,则目标产品就不能变为现实产品,因而经营目标就不能实现。生产经营管理是直接创造物质财富的,它对于全面完成组织的根本任务,发挥着十分重要的作用。产品在市场竞争十分强烈的情况下,组织要想求得生存和发展,就必须适应需求的变化,这就要求生产管理不断的加强和完善才能得以实现。

二、试验室心理管理

心理管理包括人的行为动机、人际关系、群体心理气氛、组织结构和领导水平。它是依据心理学的原理,制定政策措施,在生产过程中努力满足职工的心理需要;协调管理者与职工以及职工之间的人际关系,千方百计调动起职工的积极性,发挥其才干,为实现试验室目标服务。

大量的实践证明,两者之中,试验室心理管理尤为重要。原因是机器设备运转、原材料使用、科技成果运用、实验项目数量与质量的保障,乃至试验室的市场竞争与适应,都要靠人去做,都需要职工积极性和才干的发挥,否则企业就无从生存,也就更无发展可言。要提高管理效益,关键的因素是把握人的心理。

例如:一个工厂,其生产的目的在于把自己的产品推向市场,在争取良好的社会效益、树立良好企业形象的同时,获取最大经济效益,为企业的生存与发展提供物质保障。为了有效地达到这一目的,首先就需把握产品消费者的消费心理,只有适应消费者的消费心理,产品占领和扩大市场才可能。其次,试验室管理者因各自知识经验、能力及个性倾向的不同,使其管理工作效果也有差异。如何使管理者都能有良好的心理素质,保证良好管理效益的取得,重要的一条是使他们掌握心理学知识,搞好个人修养。再者,管理效益的高低还取决于广大职工的心理品质。职工劳动积极性的调动,聪明才干的挖掘都根源于他们的心理品质。对职工进行心理素质训练是试验室管理者的一项重要任务。

以我国某公路工程试验检测中心的生产经营管理为例,其内容有:

1.试验室的设置、设备排列和工作场地的组织;

2.产品技术标准、工艺准备、操作方法及各种定额的制定;

3.试验室生产的计划和控制;

4.设备、物资、质量的管理;

5.研究试验室对外部环境适应能力的有关课题;

6.试验室与国家、检测机构与被检机构之间的经济关系；

7.建立和完善管理体制、组织机构、经济责任制等保障；

8.搞好精神文明建设，健全规章制度，严格劳动纪律，处理好分配关系。

第四节　试验室主要管理者的素质

管理者是指引和影响个人、群体或组织在一定条件下实现某种目标的行为过程中，担负引导和影响任务的人或集体。管理者是要代表群众的利益，必须全心全意为群众服务。

现代管理者必须长于合作、巧于组织、精于授权、勇于负责、敢于求新、善于冒险、尊重他人、品德高尚、严于律己和智于抉择。

作为一个试验室主要管理者(试验室技术负责人和质量负责人)，必须具备的基本素质包括政治素质、作风素质、业务素质、能力素质、身体素质。

一、政治素质

试验室主要管理者必须有正确的政治方向、坚定的政治立场，鲜明的政治观点，高度的政治觉悟。

试验室主要管理者必须是试验室建设的带头人。能坚持四项基本原则，坚决贯彻执行党的路线、方针和政策，遵守国家的法律和法令，正确处理国家、企业和职工三者之间的关系，维护国家利益，敢于同违法乱纪和损害国家利益的行为作斗争。

试验室主要管理者必须有大公无私的高尚情操，实事求是的优良品质，宽容让人的豁达胸怀，严于律己的工作作风，有强烈的事业心，高度的责任感和勇敢的创业精神。

二、作风素质

试验室主要管理者必须有良好的思想和工作作风，一心为公，不谋私利，实事求是，不图虚名，谦虚谨慎、戒骄戒躁，严于剖己，深入基层，善于调研，工作扎实，不文过饰非。

试验室主要管理者必须有艰苦朴素的生活作风，必须与群众同甘共苦，不搞特殊化，品行端正，模范遵守规章制度和道德规范，平等待人，和蔼可亲，一视同仁，不计较个人恩怨，密切联系群众，关心群众疾苦，多为群众办好事，不搞帮派主义。

三、业务素质

试验室主要管理者必须有较好的政治理论知识，广博的科学文化知识，精通的专业业务知识，娴熟的领导或管理知识。

试验室主要管理者必须懂得马克思主义政治经济学的基本原理，掌握社会主义基本经济理论，掌握现代企业管理的基本原理、方法和各项专业管理的基本知识，还应了解工业经济管理学、统计学、会计学、经济法、财政金融和外贸方向的基本知识，了解国内外企业管理的发展方向。

试验室主要管理者还必须懂得生产技术和有关自然科学的基本知识，掌握本行业的科研和技术发展方向，熟悉各试验仪器设备的性能和用途。

试验室主要管理者必须懂得政治思想工作、心理学、人才学、行为科学、社会学等方面的知识,以便做好政治思想工作,激发职工士气,协调好人与人之间的关系,充分调动人的积极性。

四、能力素质

试验室主要管理者必须有远见卓识的预见能力,多谋善断的决策能力,机智敏捷的应变能力,清晰准确的表达能力,开拓进取的创新能力。

试验室主要管理者不仅应具有一定的业务知识,还要有较高的业务技能。必须具有较强的分析、判断和概括能力,更能够在纷繁复杂的事物中,透过现象看本质,抓住主要矛盾,运用逻辑思维,进行有效的归纳、概括和判断,找出解决问题的办法。

试验室主要管理者必须有决策能力。决策,特别是经营决策正确与否,对试验室生产经营的效果影响巨大。决策是多种能力的综合表现。任何正确的决策,都来源于周密细致的调查和准确而有预见的分析判断,来源于丰富的科学知识和实践经验,来源于集体的智慧和管理者勇于负责精神的恰当结合。因此,决策要求在充分掌握试验室内外环境资料的基础上进行科学的预测,并对多种方案进行比较和选择。

试验室主要管理者必须有组织、指挥和控制的能力。必须懂得组织设计原则,如因事设职,职权一致、命令统一以及管理幅度等。熟悉并善于运用各种组织形式,善于运用组织的力量,协调人力、物力和财力,以达到综合平衡、获得最佳效果。

控制能力要求在实现试验室预定目标的过程中,能够及时发现问题并采取措施予以克服,从而保证目标的顺利实现。在确认目标无法实现时要能果断的调整目标。

试验室主要管理者必须有沟通、协调企业内外各种关系的能力。善于与人交往,倾听各方面的意见,应是交换意见沟通情况的能手。对上要尊重,争取帮助和支持;对下要谦虚,平等待人;对内要有自知之明,知道自己的长处和短处;对外要热情、公平而客观。

试验室主要管理者必须有不断探索和创新的能力。对做过的工作能及时认真总结经验,吸取教训,善于听取不同意见,从中提出新的设想,新的方案。对工作能提出新的目标,鼓舞属下去完成任务。

试验室主要管理者必须有知人善任的能力。要重视人才的发现、培养、提拔和使用,知其所长,委以适当工作;重视教育,提高部属的业务能力,大胆提拔勇于启用新人。

五、身体素质

试验室主要管理者必须有强壮的体魄,健康的个性,优秀的情操。试验室管理者负责指挥、协调组织活动的进行,它不仅需要足够的心智,而且要消耗大量的体力,因此必须有强健的身体,充沛的精力。才能使试验室的一切活动正常运行。

第五节　试验室主要管理者的领导艺术

试验室主要管理者的工作效率和效果在很大程度上取决于他们的领导艺术。领导艺术是一门博大精深的学问,其内涵极为丰富。对于新提拔的试验室管理者,值得注意是要干好领导的本职工作,就要善于同下属交谈,倾听下属的意见,争取众人的友谊和合作,做自己时间的主人。

一、干好领导的本职工作

指导全体员工有条不紊地工作是一种艺术。在试验室管理过程中，我们经常看到一些这样的管理者，他们整天忙忙碌碌，放弃了娱乐、休息和学习，甚至连看报、看文件的时间都挤掉了。

作为一个试验室主要管理者，当发现自己忙不过来的时候，就应该考虑自己是否侵犯了下属的职权，做了本来应当由下属去做的事，管理者必须明白，凡是下属可以做的事，都应授权于他们，让他们有自己的工作空间。

试验室主要管理者的事包括决策、用人、指挥、协调和激励。这是领导者应该做的事。凡是已经授权给下属去做的事，领导者都要克制自己，不要插手。

有些试验室管理者太看重自己的地位和作用，不分轻细，事必躬亲，其结果不仅浪费了自己宝贵的时间和精力，还挫伤了下属的积极性和责任感，反过来又会加重自己的负担。使其领导作用得不到更好的发挥。

二、善于同下属交谈，倾听下属的意见

没有人际的信息交流，就不可能有领导。领导者在实施指挥和协调的职能时，必须把自己的想法、感受和决策等信息传递给下属，才能影响下属的行为。同时为了进行有效的领导，试验室管理者也需要了解下属的反应、感受和困难。这种双向的信息交流十分重要。

面对面的个别交谈是深入了解下属的最好方式之一。在同下属谈话时应注意以下几个方面：

1.即使你不相信对方的话，或者对谈的问题毫无兴趣，但在对方说话时，也必须悉心倾听，善加分析。

2.要仔细观察对方说话时的情态，捉摸对方没有说出的意思。

3.谈话一经开始，就要让对方把话说完，不要随意插话，打断对方的思路，岔开对方的话题，也不要迫不及待地解释、质问和申辩。对方找你谈话是要谈他的感受，领导者倾听下属意见的目的在于了解对方的想法，而不是提出“权威”的架势去说服、教育对方，打通对方的思想。对方讲的是否有理，是否符合事实，可以留待以后再作研究。

4.如果对方诚恳地听到你的意见，你必须抓住要领，态度诚恳地就实质性问题作出简明扼要地回答，帮助他拨开心灵上的云雾，解开思想上的疙瘩。同时也要注意掌握分寸，留有余地。这是因为，对方说的许多事情你可能并不清楚，在未加调查之前，不应表态和许愿，以免造成被动，引起更大的不快。对于谈话涉及的重大原则问题，领导者应实事求是地告诉对方，这些问题是自己不能单独处理的，需待研究以后再负责予以答复。

5.如果你希望对某一环节多了解一些，可以将对方意见改成疑问句简单重复一遍，这将鼓励对方作进一步的解释和说明。

6.试验室主要管理者必须控制自己的情绪，不能感情用事。对方说话的内容，领导者可能同意，也可能不同意，有怀疑，甚至反感和不满。但是不管自己的观点和情绪如何，都必须加以控制，始终保持冷静的态度，让对方畅所欲言。仅此一点，就会使对方感到领导在注意他的意见，在彼此沟通思想感情。至于是非曲直，可留待以后再谈，或留待对方冷静后自己去判断。

三、争取众人的友谊和合作

试验室主要管理者不能只依靠自己手中的权力，还必须取得同事和下属的友谊和合作；也有个别人只想利用手中的权力来使副手和下属慑服，而较少考虑如何取得他们的支持和友谊。其实，领导者和被领导者之间的关系不应当只是一种刻板的和冷漠的上下级关系，而应当建立起如同战争年代那样的真诚合作的同志关系。要建立起这种关系，除了要求管理者的品德高尚、作风正派以外，还要求试验室管理者平易近人，信任对方，关心他人，一视同仁和精通领导艺术。

(一)平易近人

由于几千年封建思想的影响，在一些人的头脑中不自觉地残留着“官贵民贱”的意识，认为当“长”以后，总比一般老百姓高出一头。所以管理者必须自觉地消除这种意识，在与同事和下属相处中，要注意礼节礼貌，主动向对方表示尊重和友好；在办事时要多用商量的语气，多听取和采纳对方意见中的合理部分；要勇于承认和改正自己的缺点、错误。既不要轻易发脾气、要态度、训斥人，也不要讲无原则的话，更不能随便表态、许诺。

总之，要谦虚待人，以诚待人。这样才能赢得同事和下属的尊敬，进而产生感情和友谊。

(二)信任对方

在分工授权后，试验室主要管理者对下属不要再三关照叮嘱，更不要随便插手干预，使对方感到你对他的能力有所怀疑。作为管理者，就要用实际行动使下属感到领导对他是信任的，感到自己对试验室这个集体是重要的，这样，下属就会主动加强同领导者的合作。

如果领导者能在授权范围之外主动征求并采纳下属对工作的意见，使下属感到领导对他的器重，这将有利于增进相互之间的友谊和合作。如果领导者让自己的副手或下属长期感到被忽视而不能发挥其作用，则必将招致他们的不满和怨恨。

(三)关心他人

群众最反感的是管理层领导者以权谋私。所以，领导者要特别警惕，不仅不能以权谋私，而且要在政治、思想、业务、生活等多方面关心他人。要为下属提高思想、业务水平创造条件，不怕他们超过自己；要为群众在生活上排忧解难，不怕麻烦；要吃苦在前，享受在后。在经济利益和荣誉面前一定要想到他人。

当试验室事业有成就时，千万别忘掉那些为企业作过贡献的人们。当人们面临困难的时候，如果你能伸出友谊之手，这种友谊将特别宝贵和持久。

(四)一视同仁

人与人之间的关系有亲有疏，这是正常的社会现象，领导者也不例外。但是，为了加强试验室的内聚力，克服离心倾向，试验室管理者既要团结一批同自己亲密无间、命运与共的骨干；同时，又要注意团结所有职工。

对于同自己意见不一、感情疏远或反对自己的人，决不可视为异己，另眼看待，加以排斥，而应对他们更加关心和尊重，努力争取他们的友谊和合作。特别是在处理诸如提级、调资、奖励、定职、分房等有关经济利益和荣誉的问题时，必须一视同仁、秉公办理。既不因亲者而予以优惠或避嫌不言，也不因疏而保持沉默或故意挑剔。

当下属犯了错误时，不论亲疏都要严格要求，真诚地帮助他们认识错误，改正错误。但在进行处理时要设身处地为他们着想,坚持思想教育从严,组织处理从宽的原则。

领导必须懂得,很多人工作上犯错误、出毛病,都是想多做工作,做好工作而无意造成的,所以领导者对下属工作上的错误要勇于承担责任,即使自己并不沾边,也应主动承担领导或指导责任。

在下属受到外界侵犯或蒙受冤屈时,领导者应挺身而出,保护下属。这样试验室的全体人员就会感到,在你的领导下,没有亲疏,只要努力干好本职工作,谁都可以得到他们应有的尊重和信任,就会产生一种安全感、归属感,组织内部常有的"宗派"或"山头"自然也就失去存在的基础了。

四、自己时间的主人

做任何事情都要占用时间,创造一切财富也要耗用时间。时间似乎是一种用之不竭的资源。但对个人来讲,时间又是一个常数。因此"时间就是金钱,时间就是生命。"这是一条实实在在的真理。作为试验室的主要管理者,应该特别珍惜自己的时间,可是,在实际上,领导者的地位愈高,却往往愈不能自由支配自己的时间。

管理者要做时间的主人,首先要科学地组织管理工作,合理地分层授权,把大量的工作分给副手、助手或下属去做,以摆脱烦琐事务的纠缠,让出时间来做应该做的事。

试验室主要管理者要成为自己时间的主人,应注意养成记录自己时间消耗的习惯,学会合理地使用时间,提高开会效率。

(一)要养成记录自己时间消耗的习惯

有许多管理者忙了一天、一周甚至一个月,往往说不出究竟做了哪些事,哪些是应该做的,哪些是自己不该做的。年复一年地如此下去,浪费了许多宝贵的时间。为了珍惜自己的时间,把有限的时间用在自己应该做的工作上,应当养成记录自己时间消耗情况的习惯。每隔一定时间,对自己的时间消耗情况分析一次。这时就会发现自己在时间的利用上有许多惊人的不合理之处,从而就找到合理利用自己时间的措施。

(二)学会合理地使用时间

时间的合理使用因人而异,取决于试验室生产经营特点、管理体制和组织结构、管理者的分工以及各人的职责和习惯。

(三)提高开会效率

开会是交流信息的一种有效方式。领导离不开开会。但开会也要讲求艺术。试验室管理者每年要开很多次会,但重视研究和掌握开会艺术的人却不多。有许多领导者整天沉沦于文山会海之中,似乎领导的职能就是开会、批文件,而开会是否解决了问题、效率如何,却全然不顾。只要开了会,该传达的传达了,该说的说了,就算尽到了责任,就可以心安理得。其实,不解决问题的会议有百害而无一利。开会也要讲求经济效益。

会议占用的时间也是劳动耗费的一种。会议的成本应纳入企业经济效益。会议的成本应纳入试验室经济核算体系之内进行考核,借以促进提高开会的效率,节约领导者和与会者的宝贵时间。

只有充分了解,娴熟运用领导艺术,才可能取得比较理想的领导效果。

复习思考题

1.什么是管理?管理最基本的职能是什么?它们表现形式是什么?

2.试验室管理包括哪两个系统的管理?

3.试验室生产经营管理的具体表现是什么?试举例说明试验室生产经营管理的内容。

4.试验室心理管理包括哪些内容?简述试验室心理管理的重要性。

5.试验室管理者应具备哪些基本素质?

6.管理的方法有哪几种?各有什么特点?

《公路工程试验室建设与管理》教学大纲

一、课 程 性 质

《公路工地试验室建设与管理》是工程监理与质量检测专业、道路桥梁工程技术专业的一门选修课，是研究公路工程试验检测机构的组织、建设及管理的课程，学习掌握试验室建设与管理的基本知识，能为将来的施工与管理，以及进行工程质量控制打下坚实的基础。

二、课程目的和要求

(一)知识目标

通过本课程的学习，掌握组织、建设和管理试验室的基础知识及基本方法；掌握仪器设备合理布置的原则；熟悉试验检测机构的有关管理制度。

(二)技能目标

(1)能及时收集最新试验规程、规范；
(2)能正确地建立和管理试验室的资料、档案；
(3)能填写试验设备及样品收发的一系列表格；
(4)能根据检测项目的要求拟购检测设备；
(5)能利用平面图正确将所购置的设备进行合理布置。

(三)能力目标

(1)能具有筹备组建中小型试验室及试验室资质申报的能力；
(2)能根据试验室的资源，对试验室的人力、物力进行合理的调配；
(3)能根据具体情况拟定试验室的有关管理制度及试验操作规程。

三、教学内容和要求

(一)试验室的组织机构

1.知识点和教学要求

序号	知 识 点	了解	理解	掌握
1	管理体制	*		
2	试验室人员组成			*
3	试验室组织机构			*

2.能力和技能培养

通过对理论知识的讲解、实例分析及习题巩固,培养学生在进行试验检测机构的组建过程中,能合理地配置人员,同时进行试验室资质申报的能力。

(二)试验室的建设

1.知识点和教学要求

序号	知 识 点	了解	理解	掌握
1	试验室设置		*	
2	工地试验室建设			*
3	仪器设备的购置			
4	仪器设备的布置			*
5	设备验收、安装及调试	*		

2.能力和技能培养

通过对理论知识的讲解、实例分析及习题巩固,培养学生灵活运用仪器设备布置原则,并根据拟购仪器设备合理布置试验室,并能具备进行中小型试验室建设的能力。

(三)试验室管理

1.知识点和教学要求

序号	知 识 点	了解	理解	掌握
1	试验室工作细则		*	
2	试验室岗位责任制度		*	
3	仪器设备的管理制度			*
4	仪器设备购置、验收、维修、降级和报废制度			*
5	检测事故分析报告制度			*
6	技术资料文件的管理及保密制度		*	
7	检测样品的管理制度		*	
8	检测工作计划、检查和总结制度	*		
9	试验室管理制度			*
10	技术安全管理制度		*	
11	人员培训和考核制度	*		
12	受检单位对检测报告提出异议的处理制度		*	
13	检测人员守则			*

2.能力和技能培养

通过结合本省试验检测机构实际管理方法的介绍和课堂训练,培养学生运用所学的有关试验室管理制度,在实际工作中正确拟定相关试验室管理制度的能力。

(四)试验仪器设备管理

1.知识点和教学要求

序号	知 识 点	了解	理解	掌握
1	技术准备		*	
2	使用技术		*	
3	维护技术		*	
4	检验技术		*	
5	仪器设备的操作规程			*

2.能力和技能培养

通过结合实例讲解、现场教学和学生分组进行实际训练,培养学生对拟购置的常规仪器设备进行合理管理、并具备能制订相应的仪器设备的试验操作规程的能力。

(五)试验室档案资料管理

1.知识点和教学要求

序号	知 识 点	了解	理解	掌握
1	试验室档案工作概述		*	
2	试验室档案整理工作		*	
3	试验室档案保管工作		*	

2.能力和技能培养

通过结合实例讲解和学生分组进行实际训练,培养学生对中、小型试验室进行设备档案的建立和管理的能力。

*(六)现代管理概论

1.知识点和教学要求

序号	知 识 点	了解	理解	掌握
1	管理的概念	*		
2	管理的职能		*	
3	试验室管理与心理		*	
4	试验室主要管理者的素质		*	
5	试验室主要管理者的领导艺术		*	

2.能力和技能培养

通过对基本知识的讲解、实例分析及习题巩固,培养学生运用所学现代管理的相关知识解决试验室管理过程中的实际问题的能力。

四、实践性教学与技能考核

(一)主要项目及方式

序号	项　　目	方式
1	试验检测机构人员配置	作业
2	试验设备管理、样品收发及检测资料表格的建立和存档	作业
3	试验室有关管理制度及试验操作规程的拟定	作业
4	设备台账卡和总账的建立	作业
5	仪器设备合理布置	作业
6	试验室构主要管理者的素质	作业

(二)考核办法及标准

1.考核办法

批改或查阅作业和笔记、平时提问。

(1)平时提问成绩占20%;

(2)平时作业及笔记成绩占30%;

(3)考勤成绩占20%,旷课1次扣5分,事假1次扣2分,迟到1次扣1分;

(4)总结或考查30%。

2.考核标准

序号	要　　求	标准
1	页面整洁、清晰、有一定创意、全部正确、无其他错误	100分
2	页面整洁、清晰,过程对,结果部分错误	80分
3	页面较整洁,过程对,有1/3错误	70分
4	页面较整洁,错误在1/3~1/2之间	60分
5	页面不太整洁,错误在1/2~2/3之间	50分
6	页面不太整洁,错误大于2/3	30分
7	页面不整洁,全错	20分
8	未交或有抄袭行为	0分

3.成绩汇总

$$总分=\sum 各考核项目分数\times 各项目所占的百分比$$

五、学时分配及作业安排

本课程三年制及五年制高职的教学总时数为32学时,具体课时分配见下表:

序号	课　　题	教学时数		
		小计	讲课	作业
(一)	试验室的组织机构	4	4	一次1~2题
(二)	试验室的建设	8	4	4学时(仪器设备现场布置)作业一次2~3题
(三)	试验室管理	6	6	一次5~6题
(四)	试验仪器设备管理	4	4	一次1~2题
(五)	试验室设备档案资料管理	4	4	一次3~4题
(六)	*现代管理概论	4	4	一次1~2题
(七)	机动	2	2	
(八)	合　　计	32	28	4

六、说　　明

(1)本大纲遵照教育部高职高专关于制订教学大纲的基本原则及教学大纲范本的项目要求和格式制订。

(2)由于目前高职高专暂时未编写出质检专业《公路工地试验室建设与管理》的教学大纲及教材,本人根据多年的实践教学及试验室建设及管理工作经验特编写了该课程的教学大纲,因此该大纲只作为教学指导性文件征求意见稿。

(3)本大纲对知识点分层次要求的解释是:对"了解"的内容,学生能说出其要点、大意;对"理解"的内容,学生能做完整、确切的表述,并能初步运用其解决实际问题;对"掌握"的内容,学生应在"理解"的基础上,明确其意义,并运用其解决试验室建设管理工作中的实际问题,达到实用目的。

参考文献

[1] 孙忠义,王建华.公路工程试验工程师手册.北京:人民交通出版社,2003
[2] 王建军,韩荣良.公路工程路基路面试验检测技术.北京:人民交通出版社,2004
[3] 万才柏,万丽平.公路工程施工项目试验员实用手册.北京:人民交通出版社,2003
[4] 张超,郑南翔,王建设.路基路面试验检测技术.北京:人民交通出版社,2004
[5] 金桃,张美珍.公路工程检测技术.北京:人民交通出版社,2005
[6] 李玉珍,余素萍.公路工程试验仪器使用与维护.北京:人民交通出版社,2004
[7] 中华人民共和国交通部.JTJ 051—93 公路土工试验规程.北京:人民交通出版社,1993
[8] 薄宏主编.管理学.天津:天津大学出版社,2000